高素质农民培训教材

广西特色中药材
栽培技术

广西农业广播电视学校　组织编写

曾　成　庞骋思　主　编

U0397118

广西科学技术出版社

图书在版编目（CIP）数据

广西特色中药材栽培技术 / 曾成，庞骋思主编. —
南宁：广西科学技术出版社，2022.12
ISBN 978-7-5551-1875-6

Ⅰ．①广… Ⅱ．①曾… ②庞… Ⅲ．①药用植物—栽
培技术 Ⅳ．① S567

中国版本图书馆 CIP 数据核字（2022）第 227982 号

Guangxi Tese Zhongyaocai Zaipei Jishu

广西特色中药材栽培技术

曾 成 庞骋思 主编

责任编辑：黎志海 韦秋梅 　　　　封面设计：梁 良
责任印制：韦文印 　　　　　　　　责任校对：冯 靖

出 版 人：卢培钊
出版发行：广西科学技术出版社 　　地 址：广西南宁市东葛路66号
邮政编码：530023 　　　　　　　　网 址：http://www.gxkjs.com

经 销：全国各地新华书店
印 刷：广西万泰印务有限公司
地 址：南宁经济技术开发区迎凯路25号 邮政编码：530031

开 本：787mm×1092mm 1/16
字 数：165千字 　　　　　　　　印 张：9
版 次：2022年12月第1版 　　　　印 次：2022年12月第1次印刷
书 号：ISBN 978-7-5551-1875-6
定 价：30.00元

《高素质农民培训教材》

编委会

主　　　任：李如平

副　主　任：左　明　　韦敏克　　霍拥军

委　　　员：陈　贵　　陈豫梅　　林衍忠　　莫　霜

　　　　　　马桂林　　梁永伟　　黎梦荻　　杨秀丽

本 册 主 编：曾　成　　庞骋思

本 册 编 著：曾　成　　庞骋思　　郭艺鹏　　庞秋凌

　　　　　　余扣花　　黄金盟　　武晓晓　　蒋恩杰

　　　　　　莫　霜　　苏玉卿

前　言

中药是我国的瑰宝，是中华民族的宝贵财富，几千年来为我国人民的健康做出了巨大贡献。广西位于我国南疆，地势南低北高，总体地貌呈倾斜的盆地，气候具有北热带、南亚热带和中亚热带的特点，受季风影响强烈，气候暖热湿润，地貌类型多，热量丰富、雨水丰沛，为植物的生长提供了良好的条件，形成了种类繁多的生物种群，孕育了丰富的中药资源和特色中药材，是我国中药材的主产区之一。

广西特色作物研究院中药材研究团队和广西农业广播电视学校共同组织专业人员编写本书，广泛收集广豆根、铁皮石斛、八角茴香、吴茱萸、金银花、厚朴、白及、金槐、黄精、玉竹等10种中药材的研究资料，结合中药材学、商品学、土壤学、植物学和环境保护等多学科知识，详细介绍这10种中药材的来源、药用价值、生物学特征、适宜生长区、栽培技术、病虫害防治和质量标准等知识，广大从事中药材种植的人员和科技工作者可根据自身需要选择阅读。

由于编者水平有限和时间仓促，书中难免存在错漏之处，敬请广大读者批评指正。

目录

第一章 广豆根

广豆根又称山豆根，是豆科（Leguminosae）槐属（*Sophora* L.）植物越南槐（*Sophora tonkinensis* Gagnep.）的干燥根及根茎，同时也是广西道地药材，始载于宋代《开宝本草》："味甘，寒，无毒。主解诸药毒，止痛，消疮肿毒，人及马急黄发热咳嗽，杀小虫。生剑南山谷，蔓如豆。"广豆根药材根部长圆柱形，表皮为棕色或棕褐色，根茎结节通常呈不规则形，质地坚硬，较难折断，烘干后药材断面皮层浅棕色，木质部横切面淡黄色，具有浓郁的豆腥味，味苦且有毒。3～4 年生的广豆根药材为最佳，宜秋季采挖。

一、基原种、药用部位和药用价值

1. 基原种

《中国药典》（2020 年版，一部）收载广豆根（山豆根）基原种为豆科槐属植物越南槐。但在实际调查中，市场上名为广豆根的药材有 20 多种，为避免药材混淆，《中国药典》（2020 年版，一部）明确收载广豆根为豆科植物越南槐的干燥根及茎。《广西壮族自治区壮药质量标准 第一卷》（2008 年版）中收载广豆根为越南槐的干燥根及根茎。

2. 药用部位

广豆根的药用部位为豆科槐属植物越南槐的干燥根及根茎。广豆根统货：根茎呈不规则结节状，根部顶端常有茎基；根呈长圆柱形，常有分枝，长短不等，直径 0.7～1.5 cm；表皮棕褐色，有不规则的纵皱纹及横长皮孔样突起；质坚硬，难折断，断面皮部浅棕色，木部淡黄色；有豆腥味，味极苦。广豆根饮片：类圆形薄片，结节处较大，直径 0.5～1.5 cm，厚 1～2 mm，市场上饮片略厚；外表皮棕褐色，切面皮部浅棕色，木部淡黄色，味极苦，有豆腥味。

3. 药用价值

根据《中国药典》（2020 年版，一部）记载，广豆根传统功效为清热解毒、消肿利咽，主治火毒蕴结、乳蛾喉痹、咽喉肿痛、齿龈肿痛、口舌生疮。除以上传统功效外，现代医学研究表明，广豆根可用于抑制肿瘤生长，治疗心脑血管疾病、乙肝，以及提高免疫力等。主要药理作用：能抑制肿瘤细胞的快速增殖，可用于治疗肝癌等；具有抗炎作用，使肿胀体积缩小，加快肿胀消除，可用于治疗慢性病毒性肝炎；具有抗心律失常、抗心肌缺血及保护脑神经细胞等作用，可用于治疗心脑血管疾病；具有有效的体外抗病毒作用，尤其针对乙型肝炎，能通过抑制乙肝病毒核酸复制和基因表达起到抗病毒作用；具有治疗肿瘤的效果，主要针对白血病的治疗，有增加白细胞的作用；广豆根中多糖具有抗氧化作用。

图 1-1　广豆根药用部位

二、生物学特征、生长特性和分布区域

1. 植物学特征

广豆根的基原种越南槐为常绿小灌木，高 1 ～ 2 m。根长圆柱状，有分枝，长短不等，直径 0.5 ～ 1.5 cm。根表皮棕褐色，根部木质部横切面黄色或淡黄色，有豆腥味，味极苦。茎中空，表面常绿色，横切面黄色。奇数羽状复叶，叶对生，顶端叶较大，小叶 5 ～ 10 对，顶生叶长 5 ～ 6 cm、宽 3 ～ 4 cm，其他叶长 2 ～ 5 cm、宽 1 ～ 2.5 cm；小叶椭圆形、长卵形，叶基部内凹，先端急尖、短尖，腹面稀松短柔毛，背面覆有灰棕色密集短柔毛。总状花序顶生，长 10 ～ 15 cm，基部密被短柔毛；小花梗长约 1 cm，被细柔毛；花萼为杯状，外被疏毛，先端 5 齿；花

冠黄色；旗瓣卵圆形，先端凹缺，基部短柄；翼瓣比旗瓣稍长，基部具三角形尖耳；雄蕊10枚，基部连合；子房具柄，覆有长柔毛，胚珠4个，花柱直，柱头圆形，簇生长柔毛。荚果长2～5 cm，被柔毛，于种子间缢缩成串珠状；种子1～5粒，黑色，呈卵形。花期5～6月，果期7～12月。

图1-2　越南槐植株

2. 生长发育习性

越南槐多生长于海拔500～1350 m石灰岩山区中阳光充足的山顶、山坡上或岩石缝中，喜温暖、凉爽的环境，忌积水，25～30℃最适宜生长，不耐寒，低于5℃时生长缓慢。

3. 生长分布区域

越南槐主要分布于我国广西、贵州、云南等地，越南北部也有。广西作为主产区，主要集中在靖西、那坡、田阳、田林、乐业、凤山、武鸣、龙州、德保、河池、凌云、都安等地，生于海拔较高的山地和石灰岩石山的腐殖土壤中。

三、栽培技术

1. 品种选定

根据《中国药典》（2020年版，一部），选用品种为豆科植物越南槐。

2. 选地、整地和施肥

选择土层深厚、质地疏松、排水良好、光照充足的沙质壤土地块。种植前 1 个月深挖翻耕，阳光照晒，将土块细碎，起畦宽约 70 cm、高 25 ～ 30 cm，耙平。挖穴种植时行距 40 cm、株距 40 cm，穴直径 20 cm 左右、深度 15 cm 左右，每穴施入农家肥 2 ～ 3 kg，拌匀肥土后，即可种植。

3. 栽培方式

（1）种子播种

播种一般在春季，种子采集在每年的 10 月左右进行。播种时主要采用直接播种和育苗移栽 2 种方式。直接播种一般采用穴播的方式进行，这样能合理地保证种植密度，播种密度一般保持行距 40 cm、株距 40 cm，采用品字形的方式开穴，分成 2 行点播，然后覆土，厚约 3cm；育苗移栽直接将种子均匀撒在苗床上进行育苗，然后浇水（水中加入 0.3% 益富源等催芽生根液稀释液）保持苗床湿润，等出苗后再按照行距 40 cm、株距 40 cm 进行栽种。

（2）移栽种植

在育苗床上完成育苗后，选择健康、株高约 10 cm 的幼苗在春季移栽种植，行距 40 cm、株距 40 cm，挖种植穴深 15 cm 左右、直径 20 cm 左右，每穴施腐熟基肥 2 ～ 3 kg。每穴移栽 1 株，放置幼苗时要确保幼苗根系自然展开，填土过根茎约 3 cm 左右，然后将土稍压实后浇足定根水。

图 1-3　幼苗栽植

（3）扦插苗栽培

选择一年生的越南槐健康植株，取直径 1 cm 左右枝条的中下部位，用枝剪剪取长约 20 cm、含 3 个节的枝段作插穗，然后用 150～200 mg/kg 的吲哚丁酸溶液浸泡插穗 6 小时，再将插穗插入洁净的沙质腐殖土中，注意应在每年的 3 月或 10～11 月完成扦插。扦插结束后浇透水，做好遮阳工作。

（4）组培苗移栽

将越南槐无毒组培苗炼苗 2～3 天，炼苗时将瓶口打开，让组培苗慢慢与外界环境接触，逐渐提高组培苗适应环境的能力。炼苗时要特别注意炼苗时间，炼苗时间过短容易出现叶片卷曲、发黄、干枯等情况；炼苗时间过长，培养基容易受到细菌污染，在进行移栽时容易出现根部折断、腐烂等情况。炼苗结束后，将洗干净根部培养基的种苗移栽到排水较好的沙床或腐殖土基质上，每天喷水保湿，并注意通风，30 天后成活率可达 90%。

4. 田间管理

幼苗期生长速度缓慢，株距较大，容易滋生杂草，可以在畦面铺上稻草或蕨草。加强田间管理工作，每年 3 月、4 月、7 月、8 月和 11 月各除草、浅耕 1 次，浅耕时需要注意深度，避免伤害根部。科学合理施肥，增加磷钾肥的使用；确保适宜的荫蔽度和湿度，防止田间积水。及时拔除病虫株，烧毁或深埋病虫为害的枯叶。注意轮作倒茬，在深翻土地后做好阳光暴晒等措施，从而达到抑制病虫害发生的效果。在 3～4 月和 9～10 月中耕除草后施肥，栽培第一年为幼苗生长期，宜施 2 次氮肥，每株 5～10 g；从第二年开始改施复合肥，每株施 20 g，均匀撒施在植株周边，施后培土。

5. 排灌

植株生长发育时期经常保持土壤湿润，这样有利于植株的生长和根部的膨大，特别是遇到天旱时应做到及时浇（灌）水。但土壤湿度过大也容易发生根部病害，特别是雨季或灌水后要及时排水，畦沟里不能有积水。

四、主要病虫害及防治技术

积极贯彻"预防为主，综合防治"的方针。针对出现的病虫害，首先采用农业防治，选用和培育健壮无病害、虫害的种子、种苗，保持田间栽培环境的清洁，及时翻耕土地，尽可能杀死土壤中的有害虫蛹；春秋季节，及时剪除纤弱枝、虫枝和病枝，集中烧毁或深埋；及时清除田间杂草，扦插育苗地最好采用地膜覆盖，田间栽培基地可以采用秸秆、稻草或园艺地布覆盖抑制杂草生长，通常在杂草出苗和种子成熟前，选在晴天中耕除草。其次是采用物理防治，在害虫成虫发生期，推荐使用诱虫灯、杀虫灯等在晚上 7 时至翌日天早上 6 时开灯诱杀蛀茎螟、豆荚螟、红蜘蛛、蚧壳虫等害虫的成虫。若采用化学防治，应选择高效、低毒、低残留的农药，用药次数和用量应符合《农药合理使用准则》（GB/T 8321 所有部分）、《绿色食品　农药使用准则》（NY/T 393—2020）绿色食品的农药使用要求，严禁使用剧毒、高毒、高残留或具有三致（致癌、致畸、致突变）毒性的农药。

1. 主要病害及防治

（1）根腐病

①为害特征：病原菌主要从植株根部侵入，导致根部腐烂，地上部分呈萎蔫状。

②发病时期：全年均可发生，其中夏、秋季为严重发病期。

③防治方法：发病初期选用百菌清 500～800 倍稀释液或甲基托布津 500～800 倍稀释液，连续灌根 2～3 次。

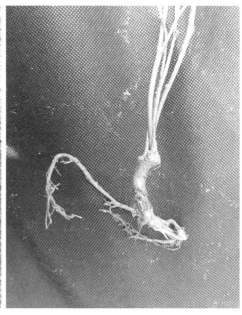

图 1-4　根腐病

（2）白绢病

①为害特征：病原菌主要侵害植株茎基部和根部，导致受害部位纵裂变褐色，腐烂。

②发病时期：通常发生于高温高湿季节。

③防治方法：发病初期选用多菌灵 500～800 倍稀释液或脱菌特 500～800 倍稀释液，连续灌根或喷雾 2～3 次。

图 1-5 白绢病

2. 主要虫害及防治

（1）蛀茎螟

①为害特征：幼虫钻蛀茎部和枝条，造成内部中空，最后导致地上部分全部枯死。在受害株的地面上会发现白色长条形的排泄物。

②发生时期：卵期及幼龄期在 4 ～ 6 月。

③防治方法：防治时找到蛀口，选用乐斯本 800 倍稀释液喷雾或从蛀口灌入。

图 1-6 蛀茎螟

（2）豆荚螟

①为害特征：幼虫在干旱时在豆荚内取食豆粒，使豆荚萎蔫干扁，导致无种子可收。

②发生时期：广豆根孕蕾期至开花期。

③防治方法：应用敌百虫或辛硫磷800～1200倍稀释液喷雾。

图1-7　豆荚螟

（3）红蜘蛛

①为害特征：主要在植株叶片背面刺吸，使叶片腹面不规则并褪绿变成白色小斑，严重影响植株的光合作用。

②发生时期：全年均可发生。

③防治方法：用吡虫啉1200～1500倍稀释液喷雾或10%苯丁哒螨灵1000倍稀释液+5.7%甲维盐乳油3000倍稀释液混合喷雾。

图1-8　红蜘蛛

（4）蚧壳虫

①为害特征：刺吸植株的幼嫩部位，使嫩叶卷缩畸形。

②发生时期：全年均可发生。

③防治方法：用吡虫啉1200～1500倍稀释液喷雾。

图1-9　蚧壳虫

五、采收贮藏技术

1. 采收

采收 3～4 年生的广豆根，每年秋季采挖。小心挖取越南槐的根和根茎，保护根部完整，用清水洗净，把地上的茎枝砍除，根部不宜用水浸泡，以免造成药用成分流失。

2. 加工

《中国药典》（2020 年版，一部）和地方中药材标准的药材处理方法相似，皆是除去残茎及杂质，浸泡，洗净，润透，切厚片，晒干。将洗净的广豆根按大小分开，可以将其加工成统货、选货或制成成品等。广豆根统货：将挖好的广豆根洗净，除去阳枝和小叶，晒干，即为广豆根统货。广豆根选货：经优选的大小及长度较均匀的药材即为选货。广豆根饮片：将采挖后的广豆根洗净，除去阳枝和小叶，小根切片，粗根劈成块状，再置于清水中浸泡 4～6 小时，润透后切片，晒干。

1 cm

图 1-10 广豆根饮片

3. 贮存

宜置于阴凉、干燥、通风处贮藏。

4. 留种技术

越南槐在 5 月中下旬开始结荚，6～7 月荚增重较快，每荚含有 2～3 粒种子；

6～9月越南槐种子的重量随荚的生长迅速增加，种子的长度增加稍缓慢，种子的厚度在6～8月增加较快，随后至9月增加较缓慢。注意加强田间管理，及时浇水、施肥，从而增加越南槐的花枝数、花质量、穗数，加强花期修剪也能提高种子的产量和质量，较好的田间管理可以提高坐果率，获得高产量和高质量的越南槐种子。越南槐种子的采收时间在每年的10～11月，当荚果由青绿色渐变为淡黄色时，及时采收，避免荚果自然裂开，种子弹落。采果后，取出种子后自然晾干，可随采随播，或置于室内通风干燥处保存，翌年春天播种。

六、规格标准和药材质量标准

1. 规格标准

广豆根规格标准参考《中药材商品规格等级 山豆根》T/CACM 1021.112—2018。

根据不同的外观性状，将山豆根药材分为选货和统货2个规格。

共同点：根茎呈不规则的结节状，顶端常残存茎基，其下着生根数条。根呈长圆柱形，常有分枝，长短不等。表面棕色至棕褐色，有不规则的纵皱纹及横长皮孔样突起。质坚硬，难折断，断面皮部浅棕色，木质部淡黄色。有豆腥味，味极苦。

不同点：统货根径0.7～1.5 cm，根长20～50 cm，单株重达20 g以上。选货根大小及长度较均匀，根径1.0～1.5 cm，根长38～50 cm，单株重达60 g以上。

2. 药材质量标准

（1）外观性状标准

《中国药典》（2020年版，一部）明确广豆根药用部位为根及根茎，地上部分枝条（市场俗称广豆根阳枝）不能混作广豆根用，因为阳枝苦参碱和氧化苦参碱含量较低，不符合药用规定。广豆根留存过长的茎基不符合质量要求。

市场上流通的陈货，如果出现虫蛀或霉变现象，或出售前进行硫熏，这类商品不符合质量要求。

（2）化学成分含量标准

《中国药典》（2020年版，一部）和地方标准对广豆根药材的质量进行了相应的评价，制定了药材外观性状、物理性状和化学成分含量相应标准，指出其水分含量不得超过10.0%，总灰分不得超过6.0%，浸出物不得少于15.0%。

《中国药典》（2020年版，一部）明确指出广豆根以苦参碱和氧化苦参碱成分含量总量为定量指标，并规定药材苦参碱和氧化苦参碱含量总量不低于

0.7%，炮制后的饮片苦参碱和氧化苦参碱含量总量不低于 0.6%。目前广豆根物理性状鉴别方法有粉末鉴定法、石蜡切片法和电镜扫描法，化学成分测定可将广豆根制成供试品溶液，通过薄层色谱法和 HPLC 法对其有效成分含量进行鉴别和测定。水分、总灰分、浸出物和有效成分测定方法在《中国药典》（2020 年版）已经有详细的描述。药材有效成分含量检测应到正规的检测机构和科研院所进行。

第二章　铁皮石斛

铁皮石斛又称鲜铁皮、铁皮枫斗、铁皮斗，是兰科植物铁皮石斛（*Dendrobium officinale* Kimura et Migo）的干燥茎。铁皮石斛应用历史悠久，药用始载于《神农本草经》，谓其"味甘，平。主伤中，除痹，下气，补五脏虚劳、羸瘦，强阴。久服厚肠胃，轻身延年"。铁皮石斛是中药石斛中的珍品，具有提高人体免疫力、降低血糖、抑制肿瘤、抗疲劳、抗氧化、护肝等作用。

图 2-1　铁皮石斛植株

一、基原种、药用部位和药用价值

1. 基原种

《中国药典》（2020年版，一部）收录铁皮石斛为兰科（Orchidaceae）植物铁皮石斛（*Dendrobium officinale* Kimura et Migo）的干燥茎，确定了其药用范围和部位，并表明了铁皮石斛（铁皮枫斗）商品的法定地位。此外，《中国药典》中还收录了金钗石斛（*Dendrobium nobile* Lindl.）、鼓槌石斛（*Dendrobium chrysotoxum* Lindl.）、流苏石斛（*Dendrobium fimbriatum* Hook.）等。

2. 药用部位

铁皮石斛的药用部位为兰科植物铁皮石斛的干燥茎。11月至翌年3月采收，除去杂质，剪去部分须根，边加热边扭成螺旋形或弹簧状，烘干，称为铁皮枫斗（耳环石斛）；切成段，干燥或低温烘干，称为铁皮石斛。

铁皮枫斗呈螺旋形或弹簧状，通常2～6个旋纹，茎拉直后长3.5～8 cm，直径0.2～0.4 cm。表面黄绿色或略带金黄色，有细纵皱纹，节明显，节上有时可见残留的灰白色叶鞘；一端可见茎基部留下的短须根。质坚实，易折断，断面平坦，灰白色至灰绿色，略呈角质状。气微，味淡，嚼之有黏性。铁皮石斛呈圆柱形的节段，长短不等。

3. 药用价值

传统中医认为铁皮石斛具有滋阴清热、生津益胃、润肺止咳等功效。现代药理学研究表明铁皮石斛中含有苯类、酚类、木质素类、内脂类和联苄类等化合物，并含有大量氨基酸，这些化学活性物质能增强人体免疫力，具有滋阴养血、促进消化、护肝利胆、抗风湿、降血糖、降血脂、抗肿瘤、保护视力、滋养肌肤、抗衰老的功效。

二、生物学特征、生长特性和分布区域

1. 生物学特征

铁皮石斛属于附生兰，为多年生草本，高10～60 cm。茎直立，圆柱形，长9～35 cm，直径2～5 mm，不分枝，具有纵纹，多节，节间长1.3～1.7 cm，常在中部以上互生3～5片叶。叶2列，纸质，长圆状披针形，长3～4 cm，宽9～11 mm，先端钝并且多少钩转，基部下延为抱茎的鞘，边缘和中肋常带淡紫色；叶鞘常具紫斑，老时其上缘与茎松离而张开，并且与节留下1个环状铁青的间隙。总状花序常从叶的老茎上部发出，具2～3朵花；花序梗长5～10 mm，基部具2～3枚短鞘；花苞片干膜质，浅白色，卵形，长5～7 mm，先端稍钝；

子房长 2 ~ 2.5 cm；萼片和花瓣黄绿色，近相似，长圆状披针形，长约 1.8 cm，宽 4 ~ 5 mm，先端锐尖，具 5 条脉；唇瓣卵状披针形，比萼片稍短，中部反折，先端急尖，不裂或不明显 3 裂，中部以下两侧具紫红色条纹，边缘多少波状；唇盘密布细乳突状的毛，并且在中部以上具 1 个紫红色斑块；蕊柱黄绿色，长约 3 mm，先端两侧各具 1 个紫点。花期 4 ~ 6 月，果期 8 ~ 10 月。

2. 生长发育习性

铁皮石斛常生于林中树干或岩石上，喜温暖、湿润及阴凉的环境，生长地年平均温度在 16℃以上，最适宜的生长温度为 23 ~ 28℃，1 月平均气温在 8℃以上，无霜期 250 ~ 300 天，海拔 480 ~ 1700 m，年降水量 1000 mm 以上，生长处的空气相对湿度以 80% 以上为适宜。

3. 生长分布区域

铁皮石斛是石斛属的一个种，主要分布于云南、广西、浙江、安徽、福建、四川、江西、广东、河南等省区。广西主要分布于天峨、永福、西林、宜州、隆林、东兰、平乐、南丹、巴马、钟山等县（市、区）。铁皮石斛为附生阴生植物，常与抱石莲、石苇、石豆兰属、卷柏属和苔藓植物伴生，通常附生在山毛榉科树木、重阳木、茶树、木荷、乌饭树、青冈、槲栎、樟、马缨花等阔叶植物上，但不附生在针叶树种上。

三、栽培技术

1. 品种选定

我国有石斛属植物 74 种 2 变种，其中可供药用的 51 种。铁皮石斛是石斛中经济价值最高的一个种。根据铁皮石斛主要居群形态结构差异，可以分为硬脚和软脚两种类型，二者的形态结构具有明显差异。软脚类型茎圆、柔软，茎表皮具较丰富的蜡质，适合做铁皮枫斗，但产量较低；硬脚类型铁皮石斛则具有茎较长、质地较硬、产量较高等特征。

铁皮石斛分布较广，长期在不同的地理位置和生态环境下生长，种间变异较大，不论是外部形态还是药用成分的含量都发生了很大变化。张治国等从云南、贵州、福建及浙江等地采集铁皮石斛，从中选择出 3 个品种，即宽叶型、青秆型和窄叶型，进行形态特征分析。

（1）宽叶型形态特征

茎直立，圆柱形，高 14.0 ~ 36.6 cm，直径 5.0 ~ 7.4 mm，具多节，节间长 0.8 ~ 2.0 cm。叶 2 列，纸质，厚实，矩圆状披针形或椭圆形，长 3.2 ~ 5.2 cm，

宽 1.7～2.2 cm，先端钝并且多少钩转，腹面深绿色，背面灰绿色并有紫色小斑点；基部下延为抱茎的鞘，叶鞘常具有紫斑，老叶其上缘与茎松离而张开，并且与节留下 1 个环状铁青的间隙。

（2）青秆品种形态特征

茎直立，圆柱形，高 8.6～35.2 cm，直径 4.26～5.56 mm，具多节，节间长 11～14 cm。叶 2 列，纸质，有光泽，长圆状披针形或椭圆形，长 2.8～5.5 cm，宽 1.1～1.6 cm，先端钝并且多少钩转，少数新生叶片边缘带有紫斑，腹面浅绿色，背面灰绿色；基部下延为抱茎的鞘，边缘和中肋青绿色，叶鞘颜色为青绿色并带有黄绿色肋。

（3）窄叶品种形态特征

茎直立，圆柱形，高 13.0～17.6 cm，直径 3.14～4.83 mm，不分枝，具多节，节间长 2.1～2.7 cm；叶 2 列，纸质，柔软，长披针形或长椭圆形，长 4.3～6.5 cm，宽 1.2～1.3 cm，先端尖并且多少钩转，少数新生的叶片有紫斑，叶片腹面深绿色，叶片背面灰绿色；基部下延为抱茎的鞘，边缘和中肋常带淡紫色，叶鞘常具有紫斑，老时其上缘与茎松离而张开，并且与节留下 1 个环状铁青的间隙。

"红鑫 1 号"是由云南农业大学、云南省中药材规范化种植技术指导中心和红河群鑫石斛种植有限公司合作选育的铁皮石斛新品种。该品种茎秆粗，花器和蒴果大，叶片不易早衰，茎基部粗壮鲜嫩，容易加工。田间表现性状整齐一致，遗传稳定，高产、优质、对炭疽病与黑斑病具有抗性，平均每亩单产达 500 kg，多糖含量 30% 以上。

2. 选地、整地和施肥

应根据铁皮石斛生长习性的要求选择种植基地。铁皮石斛种植一般选择海拔 300～800 m，空气相对湿度 75%～80%，荫蔽度 55%～70%，年均气温 18℃左右，降水量约 1280 mm，无霜期 300～340 天，光、热、水资源搭配适宜，生态环境无污染的区域栽种，在常年长有苔藓的石旮旯地栽种最好，也可在大棚内进行设施栽培。

选择好的场地应提前清除灌丛杂草、枯枝落叶以及泥土，保持场地整洁清爽，在清理灌丛杂草时注意不要掀起或破坏石面上的苔藓。

4～10 月施肥，一般以浓度 0.5%～1% 的水溶性肥料为主。

3. 栽培方式

（1）繁殖方法

铁皮石斛的繁殖方法可分为营养繁殖和种子繁殖 2 种。营养繁殖有分株繁殖、高芽繁殖、扦插繁殖和组织培养。由于种子细小，胚中没有胚乳提供营养，在自然情况下利用种子繁殖极难萌发，但在无菌的人工培养基上，种子能大量萌发，获得大量种苗。

①分株繁殖：分株繁殖一般在秋末至初春，铁皮石斛生长的休眠期进行。

②高芽繁殖：生长健壮的铁皮石斛植株在假鳞茎的中部或顶部的腋芽处会生出新芽和不定根，形成一个完整的新植株。

③扦插繁殖：选择生长健壮、无病害的铁皮石斛假鳞茎，用剪刀从植株基部剪下作为插条。

④组织培养：以铁皮石斛叶尖、茎尖、茎节、花梗等作为外植体，均可诱导成植株。

⑤种子繁殖：种子在人工配制的的培养基及无菌条件下萌发成苗。无菌培养与组织培养相似，操作要在超净工作台上完成。

铁皮石斛种植基地生产的种苗主要依靠由种子或原球茎经组织培养产生的组培苗。

（2）仿野生栽培法（原生态栽培法）

仿野生栽培种植地块宜选择生态条件与铁皮石斛野生生境相似的林地，特别是成熟林木比较多的林分更为适宜。有效积温5000℃以上、相对湿度大于80%，是较理想的适生条件。

目前栽培方式主要分为贴石栽培和贴树栽培。贴石栽培是在阴湿林下有苔藓和腐殖质的石缝、石槽或人工石墙中种植石斛。贴树栽培是将铁皮石斛种植在树上或木槽上，树种应以杞木树、梨树、密通树等为主。这些树种树皮厚、有纵沟、含水多、枝叶茂、树干粗大，有助于铁皮石斛生长发育。在选好的树上或做好的木槽上进行合理定植，技术要点如下。

①栽培场地应选择山清水秀、空气新鲜、无污染，与铁皮石斛自然分布地基本相似的地方，且水质要好，以微酸性为佳，空气流通性好，土壤排水良好。

②利用山区丰富的竹、木资源搭建遮阳棚，根据各地情况做好栽植床。常见的栽植床有石块栽植床、竹片栽植床、石棉瓦栽植床、塑料网栽植床等，并注意搭建好防雨防寒棚。

③一般采用碎树皮、碎红砖和碎树叶组成的三合一基质，比例为2∶2∶1，基质中不提倡使用牛粪、羊粪，这些肥料难以搅拌均匀，易引起肥害。

④栽植前首先要做好基质消毒工作，采用高锰酸钾1000倍稀释液或甲基托布津1000倍稀释液进行。栽培基质厚度以10 cm为宜。在栽苗前3天，床面基质浇水1次，水要浇透，浇均匀，自然阴干备用。将铁皮石斛瓶苗打开通气，防止瓶苗发热并清洗瓶苗根部和叶片上黏附的营养液，务必清洗干净。

⑤铁皮石斛栽植密度宜高不宜低，最好采用丛栽法，单株栽植成活率较低。栽植时，瓶苗以行距 15 cm、株距 10 cm，每丛 3 株，每平方米栽植 67 丛为宜。栽植后做好相应的田间管理和病虫害防治。

（3）人工设施栽培法

人工设施栽培法即通过人工搭建遮阳棚，铺设苗床和铺垫铁皮石斛生长基质附料，配以浇水灌溉设施的栽培方法。设施栽培适用于石斛规模化生产和高产栽培。据实地考察，云南省铁皮石斛基地的人工设施栽培在各地有多种不同模式。遮阳棚除形状和搭架材料有差异外，其他方面没有实质性不同，多数用塑料遮阳网，简易的用竹枝叶。在生长中后期，应对附生树进行整枝修剪，或修补遮阳网，以免过于荫蔽或遮阳率不够。

人工设施的搭建应根据铁皮石斛的生物学特性，充分考虑场地的光照、温度、湿度、通风等自然因素。种植铁皮石斛的遮阳大棚一般长 30 m、宽 6～8 m，肩高 1.8 m，总高 3.5～4 m，遮阳大棚的构建可选择钢构骨架或水泥柱搭建，棚顶覆盖塑料无滴薄膜和遮阳网，遮阳率 70%～80%，大棚四周和入口装上防虫网。其他的如基质混合及消毒、栽植前处理和栽植后管理与仿野生栽培法相同。

图 2-2　人工设施栽培

4. 田间管理

铁皮石斛的田间管理措施主要包括遮阳保湿、调节荫蔽度、除草、施肥、整枝翻蔸等。

（1）遮阳保湿

主要通过搭建遮阳棚和喷水保持荫蔽度湿度，遮阳棚多数用塑料遮阳网，以夏季透光率略小于1/3，冬季约1/3为宜。保湿主要在天气炎热时，每小时喷雾1次，以高湿度抵消高温对植株生长的危害。晴天喷雾次数宜多，阴天至少也要喷雾1次。

（2）调节荫蔽度

铁皮石斛是阴生植物，以60%～70%的荫蔽度为宜。人工设施栽培时，冬季可采用单层遮阳网，而夏秋季光照较强，可使用双层遮阳网进行遮光。

（3）除草

仿生栽培时，铁皮石斛种植在岩石或树上，常常会有杂草滋生，直接与铁皮石斛争夺养分，必须及时将其拔除。一般情况下，铁皮石斛种植后每年除草2次，在春分至清明和立冬前后进行，除草时将植株间和周围的杂草及枯枝落叶全部去除，切忌在高温时除草。

（4）施肥

施肥时间一般在每年4～10月的生长期，当铁皮石斛停止生长时停止施肥，每15天左右施肥1次，施肥一般以0.5%～1%的水溶性肥料为主，肥料中应包含大量元素和中微量元素，施肥一般在清晨露水干后进行，严禁在烈日当空的高温下进行施肥。

仿生栽培时可采用磷酸二氢钾300倍稀释液或花生麸等沤制后的水溶液进行高压喷雾，作为根外施肥，施肥时间与次数根据铁皮石斛的生长情况和气候条件而定，旱时勤施，涝时少施。

人工设施栽培时主要施用腐熟农家肥的上清液或水溶性复合肥，也可适当进行根外施肥。

（5）整枝翻蔸

铁皮石斛在春季发芽前或采收时，根据生长情况进行翻蔸，除去枯枝老根，进行分株。此时应剪去部分老枝、生长过密的茎枝，并除去感病的茎、根及植株，以促进新芽生长。

四、主要病虫害及防治技术

积极贯彻"预防为主，综合防治"的方针。针对铁皮石斛出现的病虫害防治，首先采用农业防治方法，选用和培育健壮无病害、虫害的种子、种苗；保持田间栽培环境的清洁，及时翻耕土地，尽可能杀死土壤中的有害虫蛹；春秋季节，及时剪除纤弱枝、虫枝和病枝，集中烧毁或者深埋病害、残弱的枯枝落叶；及时清除田间杂草，扦插育苗地最好采用地膜覆盖，田间栽培基地可以采用秸秆、稻草或园艺地布覆盖技术抑制杂草生长，通常在杂草出苗期和杂草种子成熟期前，选在晴天进行中耕除草。其次是采用物理防治方法，在害虫成虫的发生期，推荐使用诱虫灯、杀虫灯等在虫害发生期间的晚上7时至翌日6时开灯诱杀相关害虫的成虫。若采用化学防治方法，应选择高效、低毒、低残留的农药，用药次数和用量应符合《农药合理使用准则》（GB/T 8321所有部分）、《绿色食品 农药使用准则》（NY/T 393—2020）绿色食品的农药使用要求，严禁使用剧毒、高毒、高残留或具有三致毒性（致癌、致畸、致突变）的农药。

随着铁皮石斛在我国栽培面积的不断扩大，在大规模栽培的过程中，病虫害成为制约铁皮石斛产业发展的一个重要因素。为害铁皮石斛的主要病害有黑斑病、炭疽病、煤污病、根腐病、软腐病和褐锈病等，为害铁皮石斛的主要虫害有蜗牛、蛞蝓、斜纹夜蛾、蝗虫等。

1. 主要病害及防治

（1）黑斑病

①为害特征：主要为害幼嫩的叶片，发病时嫩叶上首先出现褐色小斑点，斑点周围呈黄色，并逐步扩大成圆形斑点，严重时病斑连接成片，直至叶片枯黄脱落。

②发病时期：常于3～5月发生，主要在2～3年生植株的新叶上。

③防治方法：保持种植场地通风良好，种植基质不要过湿。发病期间，可采用75%甲基托布津1000倍稀释液、25%使百克乳油1000倍稀释液或病克净1000倍稀释液进行防治；5～10月间采用喷施波尔多液进行预防；在黑斑病发病初期，及时剪去患病部分的叶片，当即烧毁，防止传染蔓延。

图 2-3　黑斑病

（2）炭疽病

①为害特征：主要为害叶片，也可为害茎部，发病初期叶面上有褪绿小点出现并逐渐扩大，形成圆形或不规则形病斑，边缘深褐色，中央部分浅色，上有小黑点出现，病斑发生在叶缘处，会造成叶片稍扭曲。病害严重时病斑相互连接成大病斑，造成整叶枯焦、脱落，严重影响植株生长。

②发病时期：主要在 1 ～ 5 月高温多湿、通风不良条件下发生。

③防治方法：适当控制水分，加强光照，及时清除病叶并进行烧毁，可采用 75% 甲基托布津 1000 倍稀释液、50% 多菌灵 800 倍稀释液、65% 代森锌600 ～ 800 倍稀释液或 25% 炭特灵可湿性粉剂 500 倍稀释液进行喷施防治。

图 2-4　炭疽病

（3）煤污病

①为害特征：主要为害叶片，病株的叶片和茎表面覆盖一层煤污状的黑色粉末物质，菌丝体绒毛状，似绞织成的薄膜，可剥离寄主，剥离寄主后叶面无任何斑痕，该病主要影响植株正常的光合作用。

②发病时期：常发生于3～5月或长期的阴雨天。

③防治方法：适当控制水分，加强光照，及时清除病叶并进行烧毁，可用50% 多菌灵1000 倍稀释液喷雾1～2次。

（4）根腐病

①为害特征：主要为害铁皮石斛的肉质根并引发植株基部腐烂。发病初期根上出现浅褐色、水渍状病斑，病情扩展后叶片变为褐色并腐烂，根逐段腐烂直至全根腐烂，最后蔓延到植株的基部。严重时可造成全株死亡。

②发病时期：主要在雨季高温高湿，基质水分过多时发生。

③防治方法：适当控制水分，加强光照，加强棚内通风条件，及时清除病株并进行深埋或烧掉。可采用根病灵（福美双）1500 倍稀释液灌根或用根腐宁1000 倍稀释液、根腐灵1000 倍稀释液或甲基硫菌灵1000 倍稀释液进行喷雾。

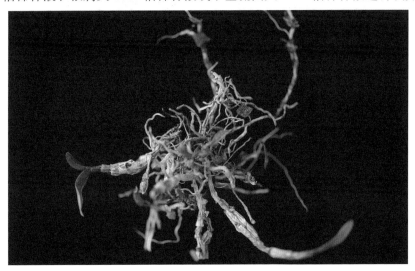

图2-5　根腐病

（5）软腐病

①为害特征：全株发病，感病植株根茎结合部出现水渍状腐烂，在病斑上有黏液，腐烂部位有特殊臭味，严重时，叶片迅速变黄。腐烂处内容物流失呈干腐状，并造成植株死亡。

②发病时期：全年均可发生，在6～8月高温、高湿条件下更容易发生。

③防治方法：适当控制水分，加强光照，加强棚内通风条件，及时清除病株并进行深埋或烧掉。可采用0.5%波尔多液、农用链霉素2000倍稀释液或甲基多硫磷等进行喷杀。

图2-6　软腐病

（6）褐锈病

①为害特征：主要为害叶片和茎，起初叶片腹面出现淡黄色斑点，叶背面对应位置呈凸出的粉黄色疙瘩，并形成孢子囊，为害严重时使茎叶枯萎死亡。

②发病时期：多在7～8月或连续阴雨天气发生。

③防治方法：适当控制水分，加强光照，加强棚内通风条件，及时清除病株并进行深埋或烧掉。可用甲基托布津或波尔多液进行预防，用0.5%波尔多液或农用链霉素2000倍稀释液进行喷杀。

2. 主要虫害及防治

为害铁皮石斛的害虫主要有蜗牛、蛞蝓、斜纹夜蛾、蝗虫、蚧壳虫、蚜虫、螺汉、钻心虫、蚂蚱、土蚕、叶蝉、蟠虫类、飞虱等。主要为害芽、叶、茎、根，影响发芽、生长，传播病害，防治方法采用高效低毒、无残留的生物杀虫剂或非有机磷农药进行防治。

（1）蜗牛

①为害特征：蜗牛主要咬食铁皮石斛的叶芽、花芽、花朵和暴露的根，严重

影响其生长。

②发病时期：蜗牛一年可繁殖 1～3 代，每年 5～8 月为活动旺盛。

③防治方法：人工捕捉；在种植场四周撒石灰，采用生石灰防治；采用 6% 四聚乙醛颗粒剂或 6% 聚醛甲萘威颗粒进行撒施。

图 2-7　蜗牛

（2）蛞蝓

①为害特征：主要为害铁皮石斛的嫩芽、花芽、花朵和叶片，蛞蝓可将叶片吃成孔洞或缺刻，咬断嫩茎和生长点，造成缺苗断垄或当年绝产。

②发病时期：蛞蝓在铁皮石斛生长季节频繁发生，一年发生多代，春秋两季为害最为严重。

③防治方法：加强通风，清除杂草，在种植场四周撒石灰，采用生石灰防治；采用 6% 四聚乙醛颗粒剂或 6% 聚醛甲萘威颗粒进行撒施。

图 2-8　蛞蝓

（3）斜纹夜蛾

①为害特征：幼虫主要为害铁皮石斛的叶片，幼龄虫群集于叶背，啃食叶片下表皮及叶肉，造成叶片呈透明网状斑；3 龄后主要为害叶片和嫩茎，5～6 龄幼虫进入暴食期，对铁皮石斛为害性很大。

②发病时期：为害盛期在高温的 7～9 月。

③防治方法：采用防虫网；灯光诱杀或糖醋诱杀；采用敌敌畏 1000 倍稀释液喷洒植株或使用苏云杆菌杀虫剂进行防治。

图 2-9　斜纹夜蛾

（4）蝗虫

①为害特征：成虫、幼虫为害铁皮石斛的叶片，造成叶片缺刻和孔洞，严重时，将叶片吃光，仅剩茎秆和叶柄，影响植株生长。

②发病时期：一年两代，5～6月，10～11月最为严重。

③防治方法：人工捕捉；可喷施50%杀螟松乳油或80%敌敌畏1000倍稀释液。

图 2-10　蝗虫

（5）蚧壳虫

①为害特征：雌虫寄生于铁皮石斛叶的中脉、叶背、叶鞘和假鳞茎之上。成虫吸食铁皮石斛的汁液，致使叶片发生黄斑，严重时可造成植株死亡。

②发病时期：该虫1年发生3～4代，一年四季均可为害。

③防治方法：保持场地通风良好，随时消除场地内的落叶、杂草；人工捕杀；5～6月采用敌杀死500倍稀释液或吡虫啉1000倍稀释液进行喷杀，7～10天喷施1次，连续2～3次。

（6）蚜虫

①为害特征：蚜虫主要是棉蚜，多聚集在叶茎顶部柔嫩多汁的地方进行吸食，造成铁皮石斛叶片卷缩、畸形，严重时引起枝叶枯萎，甚至植株死亡。蚜虫还会诱发煤污病，传播病毒等。

②发病时期：蚜虫每年可发生 10 ～ 30 代。干旱或植株密度大时更容易发生。

③防治方法：黄色诱虫板诱杀；可采用 10% 吡虫啉 1200 倍稀释液或 3% 啶虫脒乳油 2000 倍稀释液进行喷雾。

五、采收贮藏技术

1. 采收

铁皮石斛为一次种植多年采收的植物。随着生长年限延长，植株萌发茎的数量越多，产量也越高。鲜用全年均可采收，干用则从产量、质量和生产成本综合考虑，以第三年秋季采收为佳。

采收一般在 11 月至翌年 3 月进行，采收时用剪刀或镰刀从茎基部将老茎剪割下来，注意避免将植株拔起，基部留 1 ～ 2 cm 左右，促发萌蘖，留下嫩茎继续生长，加强管理，翌年再采。采收时，采大留小，采老留新，采用"存二去三"的方法进行采收。

2. 加工

铁皮石斛入药一般分为鲜石斛和干石斛两类，本书主要介绍干石斛（铁皮枫斗）的加工。

①整理：将采回的铁皮石斛除杂清洗，切成 7 ～ 10 cm 的短段，去掉叶片及须根。

②烘焙：放入 85℃ 的热水中烫 1 ～ 2 分钟，捞起，暴晒至五成干，或将茎置于炭盆上进行低温烘焙，使其软化，并除去部分水分，便于卷曲，在软化过程中，尽可能除去残留叶鞘。

③卷曲：趁热将已软化的铁皮石斛茎用手卷曲，使其呈螺旋形团状，并压紧。

④加箍：取较韧质纸条或稻草秆等将卷曲的茎十字形箍紧，使其紧密，均匀一致，形态美观。

⑤干燥：将加箍后的茎在炭盆上低温干燥，或用烘箱低温干燥，或晒干，待略干收缩后重新换箍，经数次，直至完全干燥。注意干燥温度控制在 40 ～ 50℃，以免枯焦。

⑥成品：去除加箍的纸条或稻草秆，并进行分级和包装。

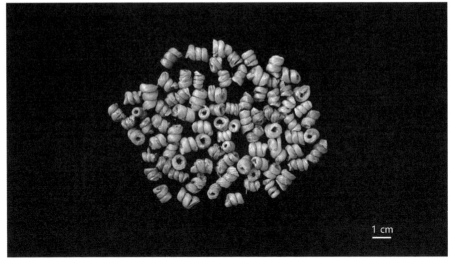

1 cm

图 2-11　铁皮枫斗

3. 贮存

铁皮石斛鲜品可置于阴凉干燥处贮存，注意防冻；干品置于通风干燥处密封保存，注意防潮。

4. 留种技术

目前，铁皮石斛多采用茎段进行营养繁殖或采收石斛种子进行组培繁殖。

（1）用茎段进行营养繁殖，应选用生长健壮、无病虫害的植株作为种茎进行扦插繁殖。

（2）用种子进行组培繁殖，应在田间选择生长旺盛的无变异的铁皮石斛，在植株开花时进行人工辅助授粉，待果实成熟时采收种子进行组培快繁，授粉后注意套袋以防串粉。

六、规格标准和药材质量标准

1. 规格标准

铁皮石斛规格标准参考《中药材商品规格等级　铁皮石斛》T/CACM 1021.12—2018。

（1）铁皮石斛规格（铁皮石斛药材在流通过程中用于区分不同交易品类的依据）：根据市场流通情况和不同的加工方式，将铁皮石斛药材分为铁皮枫斗和铁皮石斛 2 个规格。

（2）铁皮石斛等级（在铁皮石斛药材各规格下，用于区分铁皮石斛品质的交易品种的依据）：在铁皮枫斗规格下，根据形状、旋纹、单重、表面特征等，将铁皮枫斗选货规格分为特级、优级、一级和二级4个等级；在铁皮石斛规格下，根据形状等，将铁皮石斛选货规格分为一级和二级两个等级。

①铁皮枫斗：特级，螺旋形，一般2～4个旋纹，平均单重0～0.5 g，暗绿色或黄绿色，表面略具角质样光泽，有细纵皱纹，质坚，易折断，断面平坦，略呈角质状，气微味淡，嚼之有黏性，久嚼有浓厚的黏滞感，残渣极少。优级，螺旋形，一般4～6个旋纹，平均单重≥0.5 g，暗绿色或黄绿色，表面略具角质样光泽，有细纵皱纹，质坚，易折断，断面平坦，略呈角质状，气微味淡，嚼之有黏性，久嚼有浓厚的黏滞感，残渣极少。一级，螺旋形或弹簧形，一般2～4个旋纹，平均单重0～0.5 g，暗绿色或略金黄色，有细纵皱纹，质坚，易折断，断面平坦，略呈角质状，气微味淡，嚼之有黏性，久嚼有浓厚的黏滞感，略有残渣。二级，螺旋形或弹簧形，一般4～6个旋纹，平均单重≥0.5 g，暗绿色或略金黄色，有细纵皱纹，质坚，易折断，断面平坦，略呈角质状，气微味淡，嚼之有黏性，久嚼有浓厚的黏滞感，有少量纤维性残渣。

②铁皮石斛：一级，呈圆柱形的段，长短均匀，直径0.2～0.4 cm，黄绿色或略带金黄色，两端不得发霉，质坚实，易折断，断面平坦，略呈角质状，气微味淡，嚼之有黏性，久嚼有浓厚的黏滞感，略有残渣。二级，呈圆柱形的段，长短不一，直径0.2～0.4 cm，黄绿色或略带金黄色，两端不得发霉，质坚实，易折断，断面平坦，略角质状，气微味淡，嚼之有黏性，久嚼有浓厚的黏滞感，有少量纤维性残渣。

2. 药材质量标准

加工好的铁皮石斛，主要由茎构成，以色金黄、有光泽、质柔韧、无泡杆、无枯朽、无膜皮者为佳。《中国药典》（2020年版，一部）中规定铁皮石斛水分不得超过12.0%；总灰分不得超过6.0%；用乙醇作溶剂，采用热浸法测定，浸出物不得少于6.5%；干品铁皮石斛多糖含量不得少于25.0%，甘露糖含量应为13.0%～38.0%。

第三章 八角茴香

八角茴香又称八角、暖角、大茴、大料等，是木兰科（Magnoliaceae）八角属（*Illicium* L.）八角（*Illicium verum* Hook. f.）的干燥成熟果实，属南亚热带常绿乔木，原产于我国西南地区和越南等亚热带地区。八角茴香是"桂十味"道地药材，广西既是八角原产地又是主产区，八角栽培面积最大、产量最多，占全国总产量的85%左右，品质优良，享誉中外，有"世界八角之乡"的美称。八角茴香始载于明代《本草品汇精要》："其形大如钱，有八角如车辐而锐，赤黑色，每角中有子一枚，如皂荚子，小扁而光明可爱，今药中多用之。"以果实入药，秋冬季果实由绿色变黄色时采摘，置沸水中略烫后干燥或直接干燥。

图 3-1 八角植株

一、基原种、药用部位和药用价值

1. 基原种

《中国药典》（2020年版，一部）收载八角茴香（八角）为木兰科八角属八角茴香的干燥成熟果实。根据20世纪80年代初八角资源普查结果，以花色为主要分类依据，结合花、果、枝、树形等形态特征，将八角划分为4个品种群17个类型。除正品八角茴香外，还有同属植物的干燥成熟果实误作八角茴香药用，常见的伪品有莽草、红茴香、野八角、多蕊红茴香和短柱八角等。

2. 药用部位

八角茴香药用部位为八角干燥成熟果实和枝叶。

八角果实为聚合果，多由8个蓇葖果组成，放射状排列于中轴上。蓇葖果长1～2 cm，宽3～5 cm，高6～10 mm；外表面红棕色，有不规则皱纹，顶端呈鸟喙状，上侧多开裂；内表面淡棕色，平滑，有光泽；质硬而脆。果梗长3～4 cm，连于果实基部中央，弯曲，常脱落。每个蓇葖果含种子1粒，扁卵圆形，长约6 mm，红棕色或黄棕色，光亮，尖端有种脐，胚乳白色，富油性。气芳香，味辛、甜。

3. 药用价值

八角的干燥果实一般作为大宗香料，可直接用于烹饪，也可加工成调味品；果实作为一种中药材，具有健胃、驱风、镇痛、调中理气、祛寒湿、治疗消化不良和神经衰弱等多种功效；八角的果实、叶均含有丰富的挥发油，经过提取挥发油获得产品八角茴香油，可用于调制各种食品香精，或在日化用品工业上作为香水、香皂、牙膏等产品的加香剂。八角还含有具有抑菌、增加白细胞、镇痛等作用，如茴香醚具有雌激素样作用和致敏作用。从八角的果实提取的莽草酸是合成临床上有效防治流感病毒药物"达菲"（磷酸奥司他韦）的重要原料。

二、生物学特征、生长特性和分布区域

1. 植物学特征

八角为常绿乔木，高10～20 m。树皮灰色至红褐色，有不规则裂纹，小枝粗壮密集。叶互生或3～6片簇生于枝顶，新叶肉质，老叶革质，长椭圆形、椭圆状倒卵形或披针形，全缘稍内卷，叶柄短粗。花单生于叶腋或顶生，花被片7～12枚，数轮，覆瓦状排列，红色。花柱较子房短或近等于子房。聚合果由8个蓇葖果以放射状排列成八角形，熟时为红棕色或淡褐色，果柄弯曲成钩状。单一蓇葖果扁平，先端钝或钝尖，果皮较厚，成熟时开裂，可见内有种子1粒。种子扁卵

形，棕褐色，光滑且有光泽。每年开花结果 2 次，第一次在 2 ～ 3 月开花，8 ～ 9 月果实成熟；第二次在 8 ～ 9 月开花，翌年 2 ～ 3 月果实成熟。

2. 生长发育习性

（1）生长发育阶段

八角从种子发芽、生长发育、开花结果，直至衰老死亡的整个生长发育过程，可分为幼龄期、成龄期和衰老期 3 个阶段。

①幼龄期：从幼苗栽种到成年树的树冠形成，进入开花结果的时期。其主要特点是以营养生长为主，这一时期需 8 ～ 10 年。这一生长阶段，根系生长快，树冠冠幅形成也快，树高可达 7 m 以上，树冠冠幅达 3 m 以上，并形成完整的塔式树冠，然后开始进入开花结果期。但是幼龄期树体幼小，抵抗病虫害、自然灾害的能力差，必须精心管理。

②成龄期：八角进入结果的时期，是八角重要的时期，八角盛果期可持续40 ～ 70 年，经济效益十分可观。

这个时期的特点是结果多，产量高，一般种植 15 年以后便进入大量开花结果期，同时其营养生长变慢。由于大量开花结果，树体营养消耗大，必须做好成林的抚育管理。如施肥管理跟不上，病虫害会严重发生。因此，这个时期要加强水肥管理，认真做好病虫害防治，以延长结果年限和保持稳产、高产。

③衰老期：从产量下降到结果极少的时期。此时虽然也可对树体进行抚育，但仍挽救不了其衰老的趋势。这个时期的特点是生长缓慢，产量低，每年抽梢只有 1 ～ 2 次，树冠松散、不稳定，树大枝粗，疏枝亮节多，枝体衰老，根系退化，树体营养跟不上。因此，种植八角树应选择立地条件比较好、水肥条件优良的土壤。

（2）抽梢习性

八角抽生枝梢有以下特点：①一主几副。即一条主梢、几条副梢，通常副梢有 3 ～ 5 条，一般幼龄树顶部主梢可长达 25 ～ 90 cm，侧部副梢长 10 ～ 20 cm。②枝梢老熟时间长，一般需 50 天左右，顶端优势明显。③每年抽生的夏梢或秋梢是翌年的结果母枝。每年幼树可抽 3 次梢，即春梢、夏梢和秋梢。在高温多雨的年份，水肥充足时，幼树每年可出冬梢。每次抽的新梢通常有叶 8 ～ 11 片。幼树每次梢的抽生量相差不大，春梢占全年抽梢量的 50% ～ 60%，秋梢占 40% ～ 50%。成龄树每年只抽梢 1 ～ 2 次，枝梢短，顶部主梢一般不超过 15 cm，副梢为5 ～ 10 cm。同一株树抽梢也不齐，顶部抽梢 2 次，即春梢、秋梢各抽 1 次，侧部仅抽出春梢 1 次。成龄树每次梢的抽生量有较大的差别，春梢占全年抽梢量的60% ～ 70%，秋梢只占 30% ～ 40%，秋梢也有在树冠中部抽生的。下部树冠及弱枝、内膛枝不抽生。

（3）开花结果习性

八角开花结果现象甚为复杂，其开花结果情况随着纬度、气候条件和海拔的不同而有差异。大多数八角一年开花1次、结果2次，7～11月为花期，翌年3～4月春果成熟，9～10月秋果成熟。由于5～8月水和温度条件好，8月中旬以前开的花已经发育形成幼果，但秋末冬初天气干燥、气温低，果实发育不良，果实瘦小，即为春果，又称四季果、小造果或角花，不能作为种子播种。8月中旬以后开的花，由于秋末冬初气候干冷，花朵干枯，并抱幼果越冬，经过春、夏、秋三个季节生长发育，其果实肥大又饱满，即为秋果，又称大造果，其产量占全年产量的90%，果实肥大饱满、质量好，种子可作为播种用。在纬度较高的地区，八角茴香一年只开1次花、结1次果，没有春果，且花期也较迟。

3. 生长分布区域

八角对环境条件有其独特的要求，主要有温度、水分、光照、土壤、地形等，对丘陵、高山的红、黄壤土适应性强，具有一定的耐贫瘠、耐酸能力。适宜生长在北纬21°～26°、东经98°～119°，海拔300～1000 m的低山丘陵地区。八角资源主要分布在广西，云南次之，广东第三，江西、四川、贵州、湖南、福建等地也有少量种植。

八角在广西的分布很普遍，大部分地区均有八角的种植。但多集中在南亚热带以南、北纬22°～23°，海拔1000 m以下的低山丘陵地区，产量较大的有防城港、上思、浦北、宁明、德保、龙州、百色、凌云、上林、那坡、田东、藤县、玉林、天等、金秀和凭祥等县（市、区）。

八角的适种环境条件为冬暖夏凉的山区，年平均气温为18～23℃，最冷月平均气温不低于10℃，绝对低温在-6℃以上，极端高温为39.5℃；开花结果适宜温度在15℃以上，以月平均气温为20℃以上最适宜；年降水量为1500～2800 mm，空气相对湿度在80%以上，尤其是旱季有大雾的地方。八角幼苗期需80%的荫蔽度。荫蔽度随着树龄增大而减小，开花结果时需要充足的阳光。土壤以土层深厚、富含腐殖质、土质疏松湿润、通气良好的红壤土或黄壤土为宜，且为pH值4.5～5.5的酸性土壤。海拔在300～1000 m的山谷，在山脚及中坡、下坡的避风处种植较适宜。

根据生态条件可将八角种植区域分为桂东—桂东南、桂中、桂西南、滇东南等4个优势区域。

（1）桂东—桂东南优势区

主要分布在海拔500 m左右的山区。主要包括金秀、藤县、昭平、苍梧、岑溪、容县、北流、玉林市福绵区、兴业、浦北等10个县（市、区），种植面积为

16.67 万公顷，占全国八角面积的 35.54%，年产量约 12 万吨，占全国八角产量的 60% 左右。主要为混合种营建的实生林分，成熟林占 68%，中幼林占 32%。秋果比例占 93% ～ 95%。

（2）桂中优势区

该区主要指南宁北部的大明山山脉，主要包括上林、武鸣，种植面积 1 万多公顷，占全国八角面积的 2.20%，年产量约 1600 吨，占全国八角产量的 0.7% 左右。

（3）桂西南优势区

该区与云南及越南毗邻，主要包括防城港、上思、宁明、龙州、大新、天等、凭祥、德保、那坡、右江、田林、凌云、乐业、凤山等 14 个县（市、区），种植面积 22.67 万公顷，占全国八角面积的 48.64%，年产量约 6 万吨，占全国八角产量的 30% 左右。均为当地混合种营建的实生林分，成熟林占 35%，中幼林占 65%。春果、秋果分别占 10% 和 90%。

（4）滇东南优势区

该区与广西西部及越南北部接壤，主要包括富宁、绿春、广南、西畴、屏边等 5 个县，种植面积 5.33 万公顷，占全国八角面积的 11.28%，年产量约 1 万吨，占全国八角产量的 5% 左右。均为混合种营建的实生林分，成熟林占 55%，中幼林占 45%。秋果约占 95%。

三、栽培技术

1. 品种选定

20 世纪 80 年代初，通过开展八角资源普查，在资源普查结果的基础上，以花色为主要分类依据，结合花、果、枝、树形等形态特征，将八角划分为 4 个品种群 17 个类型。

①红花八角品种群，有柔枝红花八角、普通红花八角、多角红花八角、大果红花八角、鹰嘴红花八角、厚叶红花八角、小果红花八角、红萼八角、矮型红花八角 9 个类型。

②淡红花八角品种群，有柔枝淡红花八角、普通淡红花八角、多角淡红花八角、厚叶淡红花八角 4 个类型。

③白花八角品种群，有柔枝白花八角、普通白花八角、多角白花八角 3 个类型。

④黄花八角品种群，有黄花八角 1 个类型。

以下介绍主要优良品种和一般栽培品种的形态特征。

①普通红花八角：树高 10 ～ 16 m。主干明显，壮年树皮为灰白色，表面稍粗糙，

老年树皮灰黑色，树冠圆柱形或圆锥形，冠幅 3.5～3.8 m；侧枝平展或上举，与主枝夹角为 50～90°，小枝粗短，与侧枝夹角为 35°～50°。单叶，新叶淡绿色或绿色，叶长椭圆形或披针形，先端急尖，基部尖形，羽状脉；呈规则波浪状凸起。花红色；花萼 3～4 片，浅绿色；花瓣 7～9 片，覆瓦状排列，多数 2 轮，少数 3 轮。雄蕊 12～22 枚，花药粉红色，呈 2～3 轮覆瓦状排列；雌蕊分离，常为 8 枚，也有 9～11 枚，多呈有规则星状排列。每千克鲜果约为 200 个，干果为 700～1000 个。

②柔枝红花八角：主干明显，冠幅窄，一般为 2.9～3 m，树冠形状近似圆柱形或长圆柱形；分枝角度小，枝条细长且密生；小枝较多，呈柳枝状柔软下垂。叶革质，长椭圆形，老叶保存期长。果实肥大端正，果柄长 3～4.8 cm，内向着生，分布均匀，大小年不明显。该品种是我国大力推广的果用林重要栽培品种之一。

③柔枝淡红花八角：树高 10～17 m。花萼 3～4 片，浅绿色；花瓣 6～9 片，淡红色或边缘白色，中心红色，呈 2～3 轮覆瓦状排列。雄蕊 10～21 枚，花药淡红色至浅黄色；雌蕊 8 枚。果角 8 瓣，呈规则星状排列，果柄长短不一。嫩叶暗红色，老叶绿色或浓绿色，叶薄革质，叶缘波状，多为长椭圆形，叶长 8.4～14.6 cm、宽 2.5～5.9 cm。枝条性状与柔枝红花八角茴香相似，大小年不明显，产量较高。该品种是我国大力推广的果用林重要栽培品种之一。

④柔枝白花八角：花萼 2～4 片，浅绿色；花瓣 7～10 片，白色，覆瓦状排列，多数 2 轮，少数 3 轮。雄蕊 12～17 枚，花药浅黄色，少数粉红色；雌蕊 8 枚。果角 8 瓣，呈规则星状排列。叶集生于枝顶，叶片薄革质，多为长椭圆形，嫩叶红色，老叶深绿色，叶长 9～16 cm、宽 2～6 cm。枝条性状与柔枝红花八角茴香相似。其果用林较高，大小年不明显，叶用林叶片宽大，萌芽力强，枝叶产量高。该品种是我国大力推广的果用林和叶用林主要栽培品种。

⑤红萼八角：常绿乔木，树高 6～8 m，冠幅 3～4 m，树干灰白色，侧枝平展或上举，枝多，亮节多。单叶，长椭圆形，叶长 7～12 cm、宽 3～5 cm。花柄、花萼、花冠均为红色，花萼 2～3 片，雄蕊 10～12 枚，粉红色，雌蕊 8～10 枚。果大肥厚，果径 3～4 cm，果厚 1.3～1.5 cm，每千克鲜果 120 个左右。该品种抗病力较强。

⑥厚叶红花八角：叶厚为普通红花八角的 2 倍以上，叶革质，墨绿色，稀生。花红色，结果少。其他特征与普通红花八角相同。

⑦大果红花八角：树高 10～16 m，胸径 30～40 cm，枝下高 1.5 m，分枝繁多，在树冠下部的枝条较平展近下垂，树冠圆柱形或圆锥形。花红色，果径大于 4 cm，果厚 1.1 cm 以上。每千克鲜果 100～140 个，干果约 500 个。其他特

征与普通红花八角相同。

⑧小果红花八角：树高 11 ～ 17 m，胸径 20 ～ 40 cm，枝下高 1.3 ～ 1.8 m，分枝繁多，在树冠下部的枝条较平展近下垂，树冠圆柱形或圆锥形。叶片比较小，花红色。果径小于 2.5 cm，每千克鲜果约 400 个。其他特征与普通红花八角相同。其香味浓，含油率高。

⑨多角红花八角：花红色，雄蕊 21 枚左右，雌蕊 9 ～ 13 枚，果角 9 ～ 13 瓣，果角大小不均匀，规则排列或呈堆积状着生在果柄基上。其他特征与普通红花八角相同。

⑩矮形红花八角：植株较矮，树高在 8 m 以下，分枝低，冠幅大，侧枝发达，小枝密，叶革质。其他特征与普通红花八角相同。该品种是培育八角嫁接苗的理想砧木。

⑪鹰嘴红花八角：与普通红花八角的区别是果角 8 瓣，果渐尖且向内勾曲，形似鹰嘴。

⑫普通淡红花八角：树高 10 ～ 17 m，胸径 23 ～ 41 cm。枝干夹角为 40° ～ 90°，小枝夹角为 35° ～ 50°。叶暗红色，老叶绿色或浓绿色，叶薄革质，叶缘波状，多为长椭圆形，叶长 14.6 cm、宽 2.5 ～ 6 cm，叶柄长 1 ～ 2.2 cm。花萼 3 ～ 4 片，浅绿色；花瓣 6 ～ 9 片，淡红色或边缘白色、中心红色，2 ～ 3 轮呈覆瓦状排列。雄蕊 10 ～ 21 枚，花药淡红色至浅黄色；雌蕊 8 枚。果角 8 瓣，呈规则星状排列，果柄长短不一。

⑬多角淡红花八角：与普通红花八角的区别是花为淡红色，果角 9 ～ 13 瓣，果角大小不均匀，规则排列或呈堆积状着生在果柄基上，果径 3.5 ～ 4.5 cm。

⑭厚叶淡红花八角：叶厚为普通红花八角的 2 倍以上，花淡红色。其他特征与普通淡红花八角相同。

⑮柔枝白花八角：花白色，枝条特征与柔枝红花八角相似。其他特征与普通白花八角相同。

⑯多角白花八角：果形特征与多角白花八角相似，花白色。其他特征与普通白花八角相同。

⑰黄花八角香：枝叶夹角约为 35°，小枝夹角约为 45°，小枝直立或平展。叶狭长，革质，嫩叶红色，老叶深绿色，叶长 5 cm 以上、宽 2 ～ 3 cm。花萼 3 ～ 4 片，浅绿色；花瓣 10 ～ 11 片，黄色。雄蕊 7 ～ 10 枚。果角 7 ～ 10 瓣，果柄长 2 ～ 3 cm。其花色鲜艳，是培育观赏品种的育种材料。

在这些品种中，柔枝红花八角、柔枝淡红花八角、普通红花八角、普通淡红花八角等 4 个优良品种在生产上可大力推广应用。

广西防城港、玉林、藤县和宁明等县（市、区）为八角优良种子的主要来源地。近年来为八角生产提供了大量的优质种子。目前，广西已选育出 200 多个优良单株和无性系，为生产单位提供了大量的优良无性系种苗。其中桂角 45 号、桂角 77 号、桂角 78 号 3 个优良无性系于 2005 年通过了广西壮族自治区林木良种认定。

2. 选地、整地和施肥

八角是多年生常绿乔木，一次种植可多年收益，经济寿命长。因此，要针对八角对生态环境条件的要求，选择适宜的环境条件种植，提高开垦质量。掌握定植及施肥等关键技术措施是十分重要的。

（1）选地

根据八角对生长环境的要求和生长习性选择种植地。八角属浅根树种，主根长得不深，侧根分布在约 50 cm 深的土层中。种植地宜选择在海拔 1000 m 以下、山峦重叠、云雾缭绕的低山和高丘上，且坡度在 30° 以下的山谷或中下坡避风处，坡向以东坡、东北坡为好。以土层深厚、疏松、肥沃、湿润、排水良好的壤土、轻壤土、沙壤土以及腐殖质含量丰富的山地为宜，且 pH 值 4.5 ～ 5.5 的酸性土。通常用荒坡造林，也可以用残林造林或在疏杂木林下造林。

（2）整地

八角造林时应根据不同的坡度进行整地。15° 以下的缓坡地宜进行全垦，带宽为 1.5 m，带间留植被 2 m；15° 以上的坡地采用局部整地，15° ～ 20° 的坡地带宽在 1 m 以下，20° 以上的坡地带宽为 1 m 左右。整地时，可利用杂木林做八角的遮阳树，即先把杂木林中的藤本植物和有刺的植物砍除，然后在遮阳树旁 1 ～ 2 m 处挖种植穴栽种。坡度很大、地形复杂、坡面有乱石不易筑成梯田的陡坡，可在整地时修筑鱼鳞坑，以减轻表土被雨水冲刷的程度。要求在整地前劈山和炼山，把砍倒的杂草灌木晒干并烧掉，要注意防止火灾。整地时要把地内的树根、树头、石块清除干净，整地后按株行距拉线定标并挖穴。整地应在造林头一年的秋冬进行，且要坚持高标准、高质量、严格要求。

（3）施基肥

每穴施复合肥 0.5 ～ 1 kg，将肥料和表土拌匀。

3. 栽培方式

（1）种子播种

一般在每年 10 月下旬开始采种，此时的果种子已充分成熟，品质好，发芽率高。采收不宜过晚，否则其果开裂种子脱落或果实跌落地下，造成捡果费工费时，且气温逐渐下降，种子发芽率不高。选择高大健壮、生长旺盛、高产的母树采摘果实。采摘后，去除小果，平摊在干燥处晾晒。晾晒时要每天翻动，直到果皮裂开、果实干燥时便可收集种子。种子要及时收回，不宜长时间暴晒，否则油分挥发会降低发芽率。

苗圃宜选择交通方便的山脚或缓坡地，最好是生荒地，且土层深厚疏松，土壤为有机质含量高、近水源的沙壤土。施足基肥后将苗圃地耙平、耙细，然后起宽 100 ～ 120 cm、高 20 ～ 25 cm 的高畦，畦间留 30 ～ 40 cm 宽的工作道。

八角最好随采随播，生产上习惯于 1 ～ 3 月播种，最迟不超过 3 月中旬。在无霜地区播种宜早不宜迟，播种越早对幼苗生长越有利，苗长得越快就越健壮。在起好的畦上按行距 15 ～ 20 cm 开 3 ～ 4 cm 深的播种沟，在沟内按株距 3 ～ 4 cm 点播种子 1 ～ 2 粒，播种量为每亩用种 6 ～ 7 kg。播后覆盖 3 cm 厚的细土，覆土后最好盖上一层茅草或遮阳网，播后应及时淋水，保持土壤湿润。播种后 20 天左右八角种子发芽出土，可揭除覆盖的茅草，清理干净苗床地。在苗床上搭建遮阳棚，阳光强烈时及时放下遮阳网，以防高温伤苗。

苗期管理是育苗工作中的重要环节。在苗木生长过程中，要做好松土、除草、追肥、间苗、补苗、病虫害防治等工作，促进苗齐苗壮，为丰产打好基础。当苗木长到高 30 ～ 50 cm、地径达到 0.4 ～ 0.6 cm 时，即可在新芽萌动前起苗出圃。

目前，八角造林一般使用 2 年生苗木，分级如下。

2 年生大田苗：Ⅰ级苗高 50 cm 以上，地径 0.6 cm 以上；Ⅱ级苗高 30 ～ 50 cm，地径 0.4 ～ 0.6 cm。

2 年生容器苗：Ⅰ级苗高 30 cm 以上，地径 0.4 cm 以上；Ⅱ级苗高 20 ～ 30 cm，地径 0.3 ～ 0.4 cm。

综合控制指标：顶芽饱满充分木质化，无损伤。

（2）移栽造林

选择地形起伏的丘陵、低山的背风坡作为造林地，土壤要求肥力中等以上，富含有机质，且排水良好。确定造林地后，清除杂草、杂灌和小乔木。八角可与大乔木、大灌木混交造林。较为平坦的造林地进行全垦，坡地进行带状整地，要提前挖好栽植穴，穴规格为 40 cm×40 cm×30 cm，穴底垫厚 10 cm 左右的腐熟有机肥或表土。选择枝干粗壮、根系发达、无病虫害的八角苗香幼苗进行造林。栽植前应对苗木进行修剪，剪去过长的主侧根，疏去 2/3 以上叶片，并用黄泥浆蘸根以保持水分。栽植时做到不窝根，保持根系舒展，栽正打紧，轻压土壤使根系与土壤紧密接触。栽后要立即浇定根水，保证水分供应。完成移栽工作后，要定期巡查造林区域，如发现病苗、弱苗和死苗，要及时处理并补植长势相似的苗木，以营造长势一致的林分。

图 3-2 八角植株定植

（3）幼林抚育

造林后的 1～3 年属于八角林的幼林期。在这个阶段，要做好遮阳保湿、修枝整形和合理追肥等抚育管理，提高幼树长势和抗性，培育健壮树木，为增加八角产量埋下良好基础。在合理的抚育管理下，八角造林后 3～4 年即可进入开花结果期。

（4）成林管理

通常八角嫁接苗和扦插苗在 3 ～ 4 年，实生苗在 4 ～ 5 年开始投产，7 ～ 8 年进入盛产期，八角茴香盛果期可持续 40 ～ 70 年，经济效益十分可观。因此，必须做好成林的抚育管理。成林管理措施主要包括加强土壤管理、整形修剪、密林间伐、合理施肥、保花保果和病虫害防治等，提高八角的坐果率，获得高产稳产。

4. 田间管理

八角的田间管理措施主要包括遮阳保湿、中耕除草、覆盖、深耕改土、施肥、修枝整形、保花保果等。

（1）遮阳保湿

八角幼树喜阴，播种后要及时搭棚或拉遮阳网遮阳，并在畦面上铺盖稻草或杂草，要求开始时要保证荫蔽度在 70% 以上，遮阳也可利用造林地内的其他植物适当覆盖林间空地，保持树盘内土壤的湿度，增强八角幼树对光照的抵抗力。

（2）中耕除草

八角多分布在气温高、降水多的地区，幼林地内容易滋生杂草，与幼树争夺水肥，因此，必须及时除草。除草每年要进行 2 ～ 3 次，且多采用人工除草。中耕培土应结合除草进行，在每年的生长旺盛期前进行 1 次，一般中耕深度为 15 ～ 20 cm。培土应选用疏松的肥土，但不宜培得太厚，否则影响根系生长。

（3）覆盖

在中耕除草时，将铲除的杂草或绿肥等覆盖在树盘上，可以减少水土流失，防止杂草生长，达到保水、保土、保肥的目的，利于植株生长。

（4）深耕改土

深耕改土应结合施肥进行，在秋冬季对整个林地深耕 1 次，深度为 15 ～ 20 cm，但树盘周围宜浅。通过深耕，损伤部分根系，以促使新根长出，扩大根系数量，利于养分的吸收。深耕同时施用农家肥以改善土壤性状，提高土壤肥力。从八角进入结果期开始，每 3 ～ 4 年深耕一次。

（5）施肥

①幼树施肥：种植后幼树要连续抚育 3 年。种植后第一年在 6 ～ 7 月施 1 次，每株施氮肥或复合肥 50 g；自第二年起，每年在 3 月和 6 月各施肥 1 次，每次每株施复合肥 100 ～ 150 g。施肥时，在树枝投影下或两株之间挖宽 30 cm、深 20 cm 的浅沟施下并覆土。为了补充养分，一般在抽梢期喷 1 次 0.2% 磷酸二氢钾和 0.3% 尿素混合溶液，在新梢老熟后或芽眼萌动前喷施 20 mg/kg 赤霉素溶液，可加速下次抽梢和促使抽梢比较整齐。

②成龄树施肥：八角定植 3 ～ 5 年后进入结果期，因常年花果不离枝，需要

从土壤中吸收大量的养分。为能让八角稳产、高产，必须补充土壤养分。通常在2～3月施保果促梢肥，5～6月施促花壮果肥，7～8月施壮花壮果肥，9～10月施采果肥，10～11月施返秋壮果肥和过冬肥。每次每株施复合肥1～2 kg。

（6）修枝整形

幼树整形修剪的目的是培育高产树形，增加枝叶产量。整形修剪主要是定干、定高和疏枝。一般选留2～3条最粗壮的顶枝作为主干培育，把主干以外的顶枝剪去，以便集中养分，促进主干生长。当树高达1.3～1.5 m时，即摘除顶芽，控制树高，促使枝叶萌发。此外，还要剪除主干下部萌发的新枝，疏除过多的内膛枝、荫蔽枝和弱枝，尽快形成头状的矮林，有利于提高产量。

成龄林树冠结构相对稳定，树形基本形成，结果枝组大量增多，下部树冠光照明显降低，甚至已经出现封行和隐蔽现象，内膛枝叶很难得到光照。这一时期主要是要抑制主干过高，改善八角树冠的通风透光，疏除过密侧枝、病虫枝、交叉重叠枝、合理留用内膛枝。主要轻度修剪树冠中上部枝条和外缘枝条。

（7）保花保果

八角落花落果的原因很多，主要的保花保果措施有选择合适的造林地、调节树体营养水平、施用微量元素、环割、环剥和拉梢等。

四、主要病虫害及防治技术

积极贯彻"预防为主，综合防治"的方针。针对八角出现的病虫害防治，首先采用农业防治方法，选用和培育健壮无病害的种子、种苗，保持田间栽培环境的清洁，及时翻耕土地，尽可能杀死土壤中的有害虫蛹；春秋季节，及时剪除纤弱枝、虫枝和病枝，集中烧毁或深埋病害、残弱的枯枝落叶；及时清除田间杂草，扦插育苗地最好采用地膜覆盖，田间栽培基地可以采用秸秆、稻草或园艺地布覆盖技术抑制杂草生长，通常在杂草出苗期和杂草种子成熟期前，选在晴天进行中耕除草。其次是采用物理防治方法，在害虫成虫的发生期，推荐使用诱虫灯、杀虫灯等在虫害发生期间的晚上7时至翌日6时开灯诱杀相关害虫的成虫。若采用化学防治方法，应选择高效、低毒、低残留的农药，用药次数和用量应符合《农药合理使用准则》（GB/T 8321所有部分）、《绿色食品农药使用准则》（NY/T 393—2020）绿色食品的农药使用要求，严禁使用剧毒、高毒、高残留或具有三致毒性（致癌、致畸、致突变）的农药。

广西八角有害生物种类约96种，其中病害8种、虫害84种、有害植物3种、有害动物1种。为害八角的主要病害有炭疽病、日灼病、立枯病、煤污病、褐斑病等，为害八角的主要虫害有八角尺蠖、八角叶甲、蚜虫、中华简管蓟马、八角象鼻虫、蚧壳虫等。目前，广西八角林中发生面积较大、对生产影响较大的病虫害种类主要有3种，即八角炭疽病、八角叶甲、八角尺蠖。

1. 主要病害及防治

（1）炭疽病

①为害特征：主要为害叶片、嫩枝和果实，造成提早落叶、落花、落果、枝条枯死甚至整株枯死，常常连片为害，造成产量大幅下降。

②发病时期：八角炭疽病发生初始期为5月上旬，高发期为7～10月，消退期为11月，以7～8月的发病率为最高，两月的发病率合计占全年的75%以上。一年内病害的发生发展有一定的规律性，呈中间高平，两头低的几字形。建议对该病的预防时间为发生年的3月，防治期为6月上旬。

③防治方法：当八角发生炭疽病时，可于发病初期喷施45%咪鲜胺（水乳剂）、70%甲基托布津可湿性粉剂防治，施药3～4次，间隔1周施1次。发病严重时可用30%的波尔多液进行叶片喷洒，并及时剪除病叶病枝带出林地烧毁。

图3-3　炭疽病

（2）日灼病

①为害特征：病树受害轻时，叶片失绿变黄，抽梢延迟，新梢细弱，生长迟

缓；受害时间长，会使植株变成小老树；受害严重时，根颈部树皮变黑色裂皮或坏死，整株树随之死亡。该病害可导致幼苗叶片甚至全株被灼伤。

②发病时期：该病多发生在强阳光下的苗圃，幼林没有遮阳，或成林长期处在郁闭状态下因强度间伐而突然暴晒于强光烈日下。一般发生在高温、日照时间长的6～10月，其中7～8月最严重，连续晴天时间长时，最容易发生该病，病情也比较严重。

③防治方法：防治日灼病，可在育苗地搭建遮阳棚，及时为幼苗遮挡阳光直射，也可在育苗地间作高秆农作物如玉米等，既可提高土地产出效益，又能利用作物遮挡光照。在造林初期，可与乔木、大灌木营造混交林，利用树木为八角幼树遮挡光照。成林间伐，强度要适中、均匀，尽量避免出现林窗。有条件的在冬季用石灰浆涂抹稀疏八角树基干部。

图3-4 日灼病

（3）立枯病

①为害特征：苗木得病后，根及茎部位出现枯萎现象，慢慢引起整个表层的腐烂，最终导致植株死亡。

②发病时期：主要发生在幼苗期，多在5～6月八角苗真叶露心和2片真叶展出时发生。

③防治方法：严格选择苗圃地，并施用充分腐熟的有机肥料。播种前做好种子处理和土壤消毒工作。幼苗出土后，可用70%敌克松500倍稀释液、百菌清

等药剂交替喷洒进行防治，每隔 7 ～ 10 天喷洒 1 次，连续 2 ～ 3 次。

（4）煤污病

①为害特征：八角叶片两面均有煤污状物，以腹面为多，菌丝体绒毛状，似绞织成的薄膜，可剥离寄主，剥离寄主后叶面无任何斑痕，病菌也可以为害枝条和嫩梢。

②发病时期：每年 3 ～ 6 月和 9 ～ 11 月是发病高峰期。

③防治方法：加强抚育管理，适当修剪，增加通风透光，合理施肥，提高抗病能力。药剂防治，在若虫孵化盛期，可喷施 50% 的敌敌畏乳油 500 ～ 1000 倍稀释液、50% 马拉松 800 ～ 1000 倍稀释液、50% 二溴磷 1000 倍稀释液或 50% 杀螟松 1000 倍稀释液，每 15 天喷施 1 次，直至高峰期结束。

（5）褐斑病

①为害特征：主要为害叶片、枝条，往往叶尖或叶缘先发病，开始黄化并出现黄褐色小斑，然后扩展至整个叶片，最后病斑在腹面呈深褐色，背面呈棕褐色，病斑上布满黑色小点。严重时，小枝乃至较大的枝条也发病，初为黑色小斑点，后病斑扩大围绕整个枝条。

②发病时期：一般在 4 ～ 5 月开始侵染，7 月病害发展迅速。

③防治方法：加强林地管理，在 3 ～ 4 月初用药防治，用 12% 腈菌唑乳油 1500 ～ 2000 倍稀释液进行喷雾，或用 25% 叶斑清乳油 1000 ～ 1500 倍稀释液防治。在发病前期，可喷洒波尔多液、退菌特、百菌清等。

2. 主要虫害及防治

（1）八角尺蠖

①为害特征：八角尺蠖幼虫取食八角的叶、花器和幼果，当虫口密度较大时，整片八角林的叶片往往能在几天内被吃光，状如火烧。植株由于叶部残缺，致使生长受损而影响开花结果，甚至造成植株枯死。

②发病时期：八角尺蠖在广西一年可发生 3 ～ 5 代。第一代 4 ～ 5 月，第二代 6 ～ 7 月，第三代 8 ～ 9 月，第四代 10 ～ 11 月；蛹越冬翌年 2 月下旬羽化。

③防治方法：物理防治可在 4 月底至 5 月中旬结合铲草、刮地皮或松土等抚育方法破坏幼虫正常化蛹，采用黑光灯诱杀成虫。化学防治主要采用 90% 敌百虫原粉 800 倍稀释液、2.5% 溴氰菊酯乳油 1500 倍稀释液或 10% 杀虫威乳油 1200 倍稀释液等杀死大量幼虫；生物防治采用苏云金杆菌或人工除虫。

图 3-5 八角尺蠖

（2）八角叶甲

①为害特征：主要啃食当年抽出的新梢嫩叶，受害严重的八角林整片树林的叶片和新梢都被吃光，只留下主干和硬枝，如同被火烧过一般。

②发病时期：3～5月幼虫为害，5～9月成虫为害。幼虫和成虫均在傍晚和夜间取食。

③防治方法：物理防治可于5月结合抚育管理进行铲草、松土、刮地表以灭虫蛹，在冬季进行修枝，摘除卵块，还可利用其趋光性和假死的习性人工捕捉。生物防治采用白僵菌、苏云金杆菌粉防治。化学防治可在幼虫3龄以前用90%敌百虫1000倍稀释液喷杀，成虫期可用杀虫净与柴油混合液（1：2）进行超低容量喷雾。

图 3-6 八角叶甲

（3）蚜虫

①为害特征：以成虫、若虫为害嫩芽、嫩叶、花蕾及幼果。成虫常群集吸取嫩芽、嫩叶、花蕾、幼果上的汁液，可造成嫩叶卷曲，枝条不生长且呈拳头状，并可传播煤污病。

②发病时期：蚜虫3月开始为害，一年可发生数10代，3～6月蚜虫迅速扩散达并到峰值，7月中旬开始减弱，至10月中旬产卵越冬。

③防治方法：在若虫期可用50%抗蚜威5000倍稀释液、10%蚜虱净600倍稀释液或敌百虫800～1000倍稀释液喷杀。生物防治利用瓢虫、食蚜蝇等蚜虫天敌。

图3-7　蚜虫

（4）中华简管蓟马

①为害特征：主要为害八角的花。其成虫和若虫刮锉花的内心、花瓣、花药的表皮，并吸吮膜下汁液，造成受害部位果皮组织增生和木栓化，形成八角疮痂果（麻风果）。

②发病时期：花期。

③防治方法：在花蕾期，用内吸性杀虫剂涂干或打孔注药并封口。在盛花期用触杀类农药，如2.5%敌杀死乳油配成粉剂或用10%杀虫威乳油。于花蕾未开放前、谢花后用吡虫啉1000～1500倍稀释液或阿维菌素1500～2000倍稀释液各喷药防治1次。

（5）八角象鼻虫

①为害特征：主要为害幼树顶部生长旺盛的新梢，引起枝梢顶端焦枯变黑色，

影响幼树光合作用，导致生势衰弱。

②发病时期：春季。

③防治方法: 在春季枝条受害初期,将枯黄色至黄色的枝梢剪掉,并集中烧毁。利用成虫的假死性猛摇树枝,成虫跃落后马上捕捉,集中杀死。成虫期采用敌百虫 800～1000 倍稀释液、50% 杀螟硫磷 800 倍稀释液、50% 稻丰散乳油 1000 倍稀释液或爱卡士 1000～2000 倍稀释液进行喷杀。

（6）蚧壳虫

①为害特征：常群集于叶片、嫩梢、枝干、果实吸取汁液，引起枯枝、叶枝及诱发煤污病，削弱树势，叶面被害后呈淡黄色斑点后脱落。

②发病时期：该虫 1 年发生 3～4 代，一年四季均可发生为害，干旱季节和林内郁闭度大的八角林发生严重。

③防治方法：物理防治结合修剪，剪去有虫枝叶集中烧毁，冬季清园，剪除病虫枝及枯枝并集中烧毁。在若虫 1～2 龄期采用速扑杀 1000 倍稀释液、克蚧灵 1000～1500 倍稀释液、蚧霸 2000～3000 倍稀释液或吡虫啉 1000 倍稀释液进行喷杀。

图 3-8　蚧壳虫

五、采收贮藏技术

1. 采收

八角的果实一年可以采收2次，春季采收在4月左右，秋季采收在9～10月，当果实由青色变为黄色时采收较为适宜，不宜过早或过晚。采收宜在晴天进行，阴雨天气不便上树采摘，也不便处理采下的果实，果实采收后堆放时间过长容易发霉变质，造成质量下降。

2. 加工

八角茴香果实的加工处理方法分为自然干燥和烘烤干燥两种，自然干燥主要有直接干燥法、杀青干燥法、薄膜覆盖干燥法等；烘烤干燥主要是用柴火将新鲜八角烤干或使用其他设备将八角干燥的方法。

由于果实大小不一，含水量不同，所需干燥时间有差异，容易造成干燥程度不一致。因此，无论采用自然干燥或烘烤干燥，当70%的果实达到干燥时，应拣出湿果另行干燥。干燥完成后将八角果实按质分等级，分别装袋。

1 cm

图3-9　八角茴香

3. 贮存

八角茴香一般用麻袋包装，贮藏于干燥阴凉避风处，温度保持在30℃以下，商品安全含水量为10%～13%。含水量过高，易引发霉变，过于干燥则容易干硬失润。如果贮藏时间过长，则会造成表面色暗，油质减少，气味淡薄。贮藏期间应定期检查，若八角茴香受潮，可通风散潮，切忌暴晒。商品含水量正常时方可密封贮藏。

4. 留种技术

（1）采种树选择

八角一年结果2次，宜在10月中下旬霜降前后秋果成熟时，选择树龄20～40年、生长旺盛、无病虫害、结果量多、果实完整、含油量较多，大小年无明显差异的壮年母树作为采种树。

（2）采种时期

采种期应在霜降前后果实由绿色转变为黄褐色且未开裂之前进行采种。

（3）采种方法

通常的采种方法是人工直接上树采摘，采下后要及时处理，宜在室内摊开，不要曝晒，每日翻果数次并适时拣出脱落的种子，果荚内的种子可以用小刀等工具小心挑出，种子最好是在果荚处于新鲜状态时取出。

（4）种子保存

种子出荚后极易丧失发芽力，因此八角茴香的种子宜随采随播。若要贮藏，可采用湿沙贮藏或黄心土贮藏。

六、规格标准和药材质量标准

1. 规格标准

八角茴香中药材包括大红八角茴香、角花八角茴香和干枝八角茴香。

（1）大红八角茴香

干爽，色新鲜大红，肥壮、肉厚，气味芳香，成朵无枝梗，无黑子、无霉变。

一级：大朵，均匀，碎口不超过5%，瘦果不超过5%。

二级：中朵，均匀，碎口不超过10%，瘦果不超过10%。

三级：中小朵，欠均匀，碎口不超过20%，瘦果不超过20%。

（2）角花八角茴香

干爽，有肉，成朵色红，气味芳香，瘦果小，稍带枝柄，无霉坏。

一级：大朵，均匀，碎口不超过15%。

二级：中朵，均匀，碎口不超过20%。

三级：中小朵，欠均匀，碎口不超过30%。

（3）中药饮片

该品为八瓣小果集成的红棕色果实，香气浓，味辛、甜，无杂质。

2. 药材质量标准

药材为粉末红棕色。内果皮栅状细胞呈长柱形，长200～546μm，壁稍厚，纹孔口十字状或人字状。种皮石细胞黄色，表面观类多角形，壁极厚，波状弯曲，胞腔分枝状，内含棕黑色物，断面观长方形，壁不均匀增厚。果皮石细胞类长方形、长圆形或分枝状，壁厚。纤维长，单个散在或成束，直径 $29 \sim 60 \mu m$，壁木化，有纹孔。中果皮细胞红棕色，散有油细胞。内胚乳细胞多角形，含脂肪油滴和糊粉粒。

八角茴香含挥发油不得少于 4.0%（mL/g），含反式茴香脑（$C_{10}H_{12}O$）不得少于 4.0%。

第四章　吴茱萸

吴茱萸又称吴萸、吴椒、茶辣、米辣子等，为芸香科（Rutaceae）落叶小乔木吴茱萸［*Evodia ruticarpa*（Juss.）Benth.］的干燥近成熟果实，始载于《神农本草经》，列为中品。通常在 8 ～ 11 月果实尚未开裂时，剪下果枝，晒干或低温干燥，除去枝、叶果梗等杂质。

一、基原种、药用部位和药用价值

1. 基原种

根据《中国药典》（2020 年版，一部）记载吴茱萸基原种为芸香科植物吴茱萸［*Evodia ruticarpa*（Juss.）Benth.］、石虎［*Evodia ruticarpa* var. *officinalis*（Dode）Huang］或疏毛吴茱萸［*Euodia ruticarpa*（Juss.）Benth. var. *bodinieri*（Dode）Huang］。

2. 药用部位

吴茱萸药材药用部位是它的干燥近成熟果实，果实为黑色，吴茱萸药材的有效成分为生物碱和苦味素等，其中吴茱萸的根、叶也具有药用价值。

3. 药用价值

《中国药典》（2020 年版，一部）记载吴茱萸传统疗效为散寒止痛、降逆止呕、助阳止泻。用于治疗厥阴头痛，寒疝腹痛，寒湿脚气，经行腹痛，脘腹胀痛，呕吐吞酸，五更泄泻。

在临床上用于治疗高血压，消化不良，湿疹，神经性皮炎，黄水疮，口腔溃疡等。

二、生物学特征、生长特性和分布区域

1. 植物学特征

吴茱萸，多年生无刺灌木或乔木，高度可达 10 m；吴茱萸幼枝和小叶柄处覆有黄褐色的长柔毛，老枝色泽为红褐色，树皮为暗红色。奇数羽状复叶，叶对生，小叶 2 ～ 5 对，叶片披针形、椭圆形或卵形，长 5 ～ 18 cm，宽 2 ～ 7 cm，

叶轴下部较小，先端短尖或渐尖，基部楔形或圆形，全缘或浅波浪状，两面覆有密集淡黄色长柔毛，厚纸质或纸质，油点多、大。花单性，雌雄异株，聚伞状花序，花序顶生；萼片和花瓣各 5 枚，长圆形，内侧有白色长柔毛；雄花有雄蕊 5 枚，长于花瓣，雄花花瓣长 3 ～ 4 mm，花药基着，椭圆形，花丝被白色长柔毛，退化的子房三棱形，先端 4 ～ 5 裂；雌花较大，花瓣长 4 ～ 5 mm，退化雄蕊约 5 枚，鳞片状；子房上位，圆球形，心皮通常 5 枚，花柱粗短，柱头头状。果实扁球形，长 2 ～ 4 mm，直径 5 ～ 6 mm，成熟时紫红色，果实密集或疏离，表面有大油点，每分果瓣有 1 粒种子；种子近球形，黑色，长约 5 mm，有光泽。花期 4 ～ 8 月，果期 8 ～ 11 月。

图 4-1　吴茱萸植株

2. 生长发育习性

吴茱萸对土壤要求不高，可以在山坡地、平原地带、房前屋后、路旁等地种植。中性、微碱或微酸性的土壤均能生长，做苗床时选择土层深厚、较肥沃、排水良好的壤土或沙壤土为佳，低洼积水地不宜种植。

3. 生长分布区域

吴茱萸生长分布广泛，适应能力较强，现主要分布于四川、贵州、广西、陕西、浙江、安徽、江西、湖北、安徽、福建等省区，其中广西北部地区的灵川、临桂、兴安、全州、阳朔等县（市、区）均有栽培种植。

三、栽培技术

1. 品种选定

吴茱萸按直径大小分为大花、中花和小花三个种类，大花和中花主要来源于吴茱萸，小花主要来源于石虎和疏毛吴茱萸，广西主产大、中花种类，大、中花种类又可分为早熟、中熟和晚熟品种，收获时间分别在小暑、大暑和立秋以后，大面积种植时可以选择中花种类的早熟、中熟、晚熟 3 个不同品种进行合理搭配种植，因为其成熟期不同，有利于后期的药材采收。

2. 选地、整地和施肥

吴茱萸的栽培种植地宜选择在阳光充足，温和湿润，海拔低于 1000 m 的山坡地、平原地带，选择土层深厚、土质疏松、肥沃、排水良好的栽培土。整地时深翻土地 30 cm 以上，暴晒几日，碎土耙平；按株行距 2 m×2 m 开壕沟；或作成 1～3 m 宽的高畦，地形平缓的也可直接沿坡地等高线整地挖穴定植，穴以宽 50～60 cm，深 50 cm 为宜，挖穴时要将底土与表土分开堆放。土壤回填时需要先将土壤充分熟化，可以提前在秋季挖好，从而延长底土的熟化时间，等到底土充分熟化后再回填土，先填表土，再填底土。

每株树需要定植基肥（一般为堆肥、厩肥）30～50 kg，猪粪 10～20 kg，麸肥 1～5 kg，磷肥 0.5 kg，并与碎土拌匀；或施加符合国家标准的复合肥 1.5 kg。定植基肥施用结合回填土一同进行，填一层土放一层肥，一次施入。

3. 栽培方式

（1）移栽种植

选择 1 年生以上的健康幼苗，于 2 月上旬种植，每穴栽 1 株，填土压实浇水。

图 4-2　幼苗定植

图 4-3　幼苗移栽

（2）根插繁殖

选 4 年生以上的单株作母株，要求根系发达、生长旺盛、无病虫害，在 2 月上旬，挖开母株根际边的泥土，截取直径 0.5 cm 的侧根，将侧根切成长约 15 cm 的小段，接着在整好的畦面上，按株距 10～15 cm、行距 15～20 cm 开沟，将切好的根斜插入土中，盖土稍压实，上端露出土面 1 cm 左右，浇稀人畜粪水后盖上稻草。约 2 个月以后根段长出新芽，此时可以去除大部分盖草，并浇稀人畜粪水 1 次。当新苗高 5 cm 左右时，及时松土除掉周边杂草，并浇稀粪水 1 次。翌年 2 月左右即可出圃移栽定植。

（3）枝插繁殖

选择 1～2 年生的植株上发育健壮、无病虫害的枝条，截取枝条中段，在 2 月上旬，修剪成长约 20 cm 的插穗，插穗保留 3 个芽眼，上端剪平，下端近节处修剪成斜面状。将插穗下端浸泡在 1 mL/L 的吲哚丁酸溶液中，浸泡 30 分钟后将其取出，按株行距 15 cm×20 cm 斜插入准备好的苗床中，入土深度为插穗长的 2/3，不能倒插。填土压实，浇水遮阳，切记不能积水。约 2 个月后插穗即可生根，翌年春季长出新枝就可移栽定植。

（4）分蘖繁殖

吴茱萸植株易分蘖，在冬季距母株约 50 cm 处，刨出其侧根，每隔 10 cm 轻微割伤皮层，覆土施肥并盖上稻草。翌年春季，便会抽出很多的幼苗。除去大部分盖草，待苗高 30 cm 左右时就可以分离移栽。

4. 田间管理

（1）追肥和冬肥

第一次在春季 3 月植株萌芽前，追施 1 次腐熟的农家肥。定植 2 年以下的幼树每株施用量为 5 kg 左右，定植 3 年以上的每株施用量为 20 kg 左右，定植 4 年以上的每株施用量为 25 kg 左右。第二次在夏季 5～7 月植株开花结果时，施肥量与第一次的用量一样。植株挂果后，每年 6～7 月施磷钾复合肥适量，有利于植株坐果。每年 11 月左右植株进入休眠后施加冬肥，施加适量的腐熟农家肥或复合肥。成年树在树冠边缘下方土层开环形沟内施入，幼年树则在离根茎 40 cm 处开环形沟施入。

（2）修剪

正确的修剪可以让吴茱萸保持良好的树型，保持树冠通风，使病虫害的发生概率下降，保障植株的健康生长，确保药材产出稳定、优质。修剪时期一般在冬季和生长期。

冬季修剪一般在落叶以后，在休眠期完成。修剪的方法包括短截、疏枝等。对生长较旺的一年生新枝在约 25 cm 处短截，以促进来年抽出新梢，形成结果枝。当发现冠内枝条密集时，应注意剪去病虫枝、细小枝、枯枝和重叠枝等，保留结果枝。

生长期修剪在植株生长期完成，具体操作为抹芽、除萌、剪除病虫枝等。主干及主枝上萌生的枝条不结果，在其木质化前剪除；及时剪除病虫枝，集中清理。

四、主要病虫害及防治技术

积极贯彻"预防为主，综合防治"的方针。针对吴茱萸出现的病虫害防治，首先采用农业防治方法，选用和培育健壮无病害、虫害的种子、种苗，保持田间栽培环境的清洁，及时翻耕土地，尽可能杀死土壤中的有害虫蛹；春秋季节，及时剪除纤弱枝、虫枝和病枝，集中烧毁或者深埋病害、残弱的枯枝落叶；及时清除田间杂草，扦插育苗地最好采用地膜覆盖，田间栽培基地可以采用秸秆、稻草或园艺地布覆盖技术抑制杂草生长，通常在杂草出苗期和杂草种子成熟期前，选在晴天进行中耕除草。其次是采用物理防治方法，在害虫成虫的发生期，推荐使用诱虫灯、杀虫灯等在虫害发生期间的晚上7时至翌日6时开灯诱杀小地老虎、金龟子类、蝼蛄、褐天牛等害虫的成虫。若采用化学防治方法，应选择高效、低毒、低残留的农药，用药次数和用量应符合《农药合理使用准则》（GB/T 8321 所有部分）、《绿色食品　农药使用准则》（NY/T 393—2020）绿色食品的农药使用要求，严禁使用剧毒、高毒、高残留或具有三致毒性（致癌、致畸、致突变）的农药。

1. 主要病害及防治

（1）煤污病

①为害特征：蚜虫、长绒棉蚜虫、蚧壳虫在吴茱萸树上为害，诱发不规则的黑褐色煤状物质，黑色煤状物在叶片和枝干似绞织成的薄膜，薄膜剥落后叶面仍为绿色，但是该病害发病严重时则影响植株的光合作用，导致开花结果少，产量下降。

②发病时期：该病害多发生在5～6月，此时蚜虫、长绒棉蚜虫、蚧壳虫等滋生较多，该病害发生概率较高。

③防治方法：在蚜虫、长绒棉蚜虫、蚧壳虫发生期，可用50% 辟蚜雾乳油2000 倍稀释液或10% 大功臣可湿性粉剂2000 倍稀释液，每隔7天施用1次，连续3次左右。发病初期，宜用1∶0.5∶200（1 g 硫酸铜，0.5 g 生石灰，200 mL 水）的波尔多液喷雾防治，每隔10天施用1次，连续3次左右。

图 4-4　煤污病

（2）锈病

①为害特征：由担子菌亚门，鞘锈菌属真菌引起。发病初期是植株的叶片背面形成黄绿色近圆形边缘不明显的小点，后期在植株的叶片背面形成橙黄色微突起的疮斑（夏孢子堆），病斑破裂后散出橙黄色的夏孢子，导致叶片上病斑增多，直至叶片枯死。

②发病时期：5月中旬发生，6～7月为害更加严重。

③防治方法：发病期时使用25%的粉锈宁（可湿性粉剂）1500～2000倍稀释液、50%代森锰锌可湿性粉剂500倍稀释液、95%敌锈钠250～300倍稀释液、0.2～0.3波美度石硫合剂或75%氧化萎锈灵可湿性粉剂3000倍稀释液交替喷雾防治，每隔7～10天施用1次，连续3次左右。

图4-5　锈病

（3）根腐病

①为害特征：植株叶片萎蔫、脱落，拔起根部有股腐烂的臭味，根系前期呈黄褐色，后期呈黑褐色，皮层腐烂、脱落，最后只剩下木质部。

②发病时期：常出现在雨季，积水严重时期。

③防治方法：开好排水沟，防止积水，可以有效减少病害。

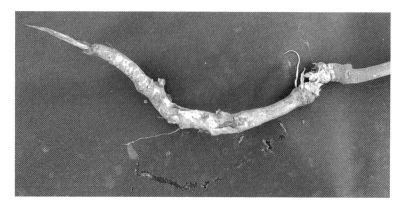

图 4-6　根腐病

2. 主要虫害及防治

（1）褐天牛

①为害特征：幼虫蛀入植株树干下部 30 ～ 100 cm 处或在粗枝内，咬食木质部后，形成蛀孔和不规则的弯曲孔道，内部充满蛀屑，且开通气孔和排泄孔，用于蛀屑排出。树主干上会出现虫的唾沫胶质分泌物、木屑和虫粪，为害严重时，可能致树枯死。

②发病时期：该虫害主要发生在 7 ～ 10 月。

③化学防治方法：幼虫蛀入树干，出现新鲜的蛀孔时，可先用钢丝钩杀，或用药棉浸渍 80 倍的敌敌畏塞入蛀孔，用泥土封孔口，毒杀幼虫；成虫产卵期，用硫黄粉 1 份、生石灰 10 份、水 40 份拌成浆状，涂刷树干，防止成虫产卵。

图 4-7　褐天牛

（2）凤蝶

①为害特征：幼虫啃食嫩叶、嫩梢，成虫啃食老叶，为害幼树的生长和树冠的形成。

②发病时期：全年均有发生。

③防治方法：在幼虫低龄期，施用90%晶体敌百虫1000倍稀释液，连续2～3次，每次间隔5～7天；幼虫3龄以后，施用使用每克含菌量1.0×10^{11}的青虫菌300倍稀释液，连续2～3次，每次间隔10～15天。

图4-8　凤蝶幼虫

（3）小地老虎和黄地老虎

①为害特征：多以第一代幼虫为害幼苗最严重，常切断幼苗近地面的茎部，使整株死亡。

②发病时期：该虫害主要发生在4～5月。

③防治方法：使用炒香的麦麸（菜籽饼）5 kg和90%晶体敌百虫0.1 kg制成的毒饵诱杀，或以炒香麦麸（菜籽饼）10 kg加入氯丹乳油0.05 kg制成毒饵诱杀；用90%敌百虫1000～1500倍稀释液在晴天下午浇穴毒杀。

图4-9　小地老虎

（4）红蜡蚧和矢尖蚧

①为害特征：成虫、幼虫为害枝叶、果实，可能导致煤污病的发生，使受害树长势衰弱、枝枯，甚至致死。

②发病时期：3月底至9月下旬是该虫为害高峰期，4月下旬至5月中旬是防治的关键。

③防治方法：在虫盛孵期，用25%扑虱灵可湿性粉剂800～1000倍稀释液

进行喷雾，间隔 15 天施用 1 次；春季叶未萌发前，用石硫合剂涂刷树干，或用刀片在树干轻刮除去之。

（5）桑白盾蚧

①为害特征：常寄生于枝干，吸取汁液为害，枝面常被虫壳所覆盖，使植株生长势衰弱，并诱发煤污病和膏药病。

②发病时期：一年发生 4 代，四季均有发生。

③防治方法：在该虫越冬期及寄生阶段，受精雌成虫外有蜡质介壳保护，并贴紧树干，可用聚乙烯醇或鸡蛋液调成 5 倍稀释液涂刷茎干，如喷雾可用波美 6 度石硫合剂、石油乳剂 10 倍稀释液喷洒枝干；幼虫孵化盛期，可用 50% 杀螟松乳剂 800 ～ 1000 倍稀释液，或 25% 亚胺硫磷乳油 400 ～ 500 倍稀释液进行喷雾。

（6）吹绵蚧

①为害特征：多在叶芽、嫩芽、新梢及枝干上聚集，刺吸植物营养导致树体大量落叶、落果，枝条干枯，树势衰弱，甚至导致全株枯死。

②发病时期：一年发生 2 ～ 3 代，一般 4 ～ 6 月发生严重。

③化学防治方法：用扑杀蚧 1500 ～ 2000 倍稀释液喷杀 3 次，每次间隔 15 天左右；冬季休眠期，用刀片轻刮树干后，涂刷石硫合剂。

（7）铜绿丽金龟

①为害特征：成虫取食叶片，常造成叶片残缺不全，甚至全树叶片被吃光。

②发病时期：一年发生一代，每年 4 月幼虫为害，6 ～ 7 月为成虫活动期。

③化学防治方法：宜在上午 8 时前，可用 1.8% 阿维菌素乳油 2000 ～ 4000 倍稀释液、0.5% 苦参碱水剂 500 ～ 1000 倍稀释液、5% 氟虫脲可分散液剂 1000 ～ 1500 倍稀释液进行喷雾。

五、采收贮藏技术

1. 采收

药材采收一般在 8 月下旬至 10 月，生产上常在大暑过后、立秋之前。选择在晴天上午或傍晚采收，以露水未干时为宜，上午 12 时前，下午 5 时后为佳，采收时用果剪或枝剪将果连同果柄一起剪下，放入箩筐或纤维编织袋中。一般在果实由绿色变黄色尚未充分成熟，手指掐时感觉到硬质感，树下刚刚发现有掉粒时为最佳采收期。采收过早则产量低、品质较差；过迟则果实开裂脱落，影响药材的产量和商品质量。

2. 加工

（1）初加工

将采收的带枝果实及时摊开后晒（晾）干，晚上收回室内晾开，应摊薄，不能堆积，以免发酵腐烂，晴天 3～5 天即可晒干；也可以在室内或塑料大棚内阴干，通风处最佳。如遇雨天，可以采用烘干法，烘烤时温度不得超过 60℃，烘烤时要经常翻动，使之受热均匀。干燥后及时除去枝梗、叶、果柄，筛除杂质。

以无杂质、无黑籽、无霉变，身干、籽粒饱满，含水量不超过 10%，质坚实、绿色或深绿色、香气浓郁为合格，即为统货。

（2）饮片加工

取吴茱萸药材，除去杂质备用。将甘草捣碎，加适量水，煎汤，去渣，加入净吴茱萸，每 100 kg 吴茱萸加入 6 kg 甘草。焖润吸尽后，炒至微干，取出，干燥。饮片表面棕褐色至暗褐色。

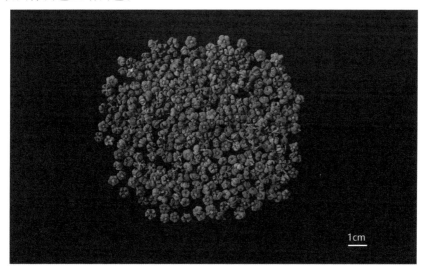

1cm

图 4-10　吴茱萸药材

3. 贮存

采用符合药用标准的塑料编织袋，按每袋 20 kg 或 25 kg 进行分级包装。包装记录内容包括品名、批号、规格、产地、等级、数量、包装工号和生产日期等。包装好的产品应贮藏在货架上，与四周墙壁间隔约 40 cm，地面距离约 50 cm，贮藏仓库应阴凉通风、干燥，并定期抽查，注意防尘、防鼠、防虫蛀等，保证吴茱萸药材商品不霉烂、不变质。

六、规格标准和药材质量标准

1. 规格标准

吴茱萸规格标准参考《中药材商品规格等级 吴茱萸》T/CACM 1021.75—2018。

（1）吴茱萸规格（吴茱萸药材在流通过程中用于区分不同交易品类的依据）：吴茱萸药材在流通过程中，按大小可分为以下几种。

大花：主要来源于吴茱萸，多为成熟果实，表面黄褐色，顶端呈五角星状，开裂。

中花：主要来源于吴茱萸，为未成熟果实，表面绿色至黄绿色，顶端呈五角星状裂隙，少开裂。

小花：主要来源于石虎、疏毛吴茱萸，为未成熟果实，表面绿色，类球形。

（2）吴茱萸等级（在吴茱萸药材各规格下，用于区分吴茱萸不同品质的依据）。

大花、小花为统货，中花根据颜色、枝梗比例分为统货、选货。

大花、小花、中花统货共同点：呈球形或略呈五角状扁球形。表面暗黄绿色至褐色，粗糙，有多数点状突起或凹下的油点。顶端有五角星状的裂隙，基部残留被有黄色茸毛的果梗。横切面可见子房5室，每室有淡黄色种子1粒。无枝梗、杂质、霉变等。

不同点：大花多为成熟果实，表面多呈黄褐色，直径4～5 mm，顶端多呈五角星状开裂。中花多为未成熟果实，表面青绿色。直径2.5～4.0 mm，顶端可见五角星状裂隙。小花多为未成熟或成熟（成熟也不开裂）果实，类球形，表面青绿色，直径2.0～2.5 mm，顶端五角星状裂隙不明显。

2. 药材质量标准

《中国药典》（2020年版，一部）规定，药材吴茱萸杂质不得超过7%；水分不得超过15.0%；总灰分不得超过10.0%；浸出物热浸法测定，用稀乙醇作溶剂，浸出物不低于30%；该品按干燥品计算，含吴茱萸碱和吴茱萸次碱的总量不得少于0.15%，柠檬苦素不得少于0.20%。

第五章　金银花

金银花又名忍冬，是忍冬科（Caprifoliaceae）植物忍冬（*Lonicera japonica* Thunb.）及同属植物干燥花蕾或带初开的花。忍冬为多年生半常绿缠绕及匍匐茎的灌木，生长年限在 20 年左右。金银花是一种具有悠久历史的常用中药材，始载于《名医别录》，列为上品。金银花一名出自《本草纲目》，由于忍冬花初开为白色，后转黄色，因此得名金银花。

图 5-1　金银花植株

一、基原种、药用部位和药用价值

1. 基原种

《中国药典》（2020 年版，一部）收载金银花基原种为忍冬科植物忍冬，多年生半常绿缠绕及匍匐茎的灌木。

2. 药用部位

金银花药用部位是忍冬科植物忍冬及同属植物的干燥花蕾或带初开的花。

3. 药用价值

金银花性寒、味甘，归肺、心、胃经。具有清热解毒、凉血化瘀的功效，用于外感风热、疮疡病毒、红肿热痛、便脓血、风湿气及诸肿毒。制成凉茶，可预防中暑、感冒及肠道传染病。据化验分析，金银花的茎、叶、花中主要成分为绿原酸，绿原酸在临床上具有抗菌消炎的作用。另外，花中含有肌醇、皂甙、挥发油、黄酮等；叶中含有鞣质、忍冬甙、番木鳖甙、紫丁香甙和忍冬黄素等；茎和茎皮含有木犀草黄素、皂甙和纯纤维素等；果实中含有还原糖。现代医学研究证明，金银花对于溶血性链球菌、金黄葡萄球菌、伤寒杆菌、痢疾杆菌、大肠及绿脓杆菌、肺炎双球菌、百日咳杆菌有一定的抑制作用。

二、生物学特征、生长特性和分布区域

1. 植物学特征

金银花为木质藤本，树皮黄褐色渐次变为白色，嫩时有短柔毛。叶对生，纸质，卵圆形至椭圆形，长 4～8 cm，宽 3.5～5 cm，腹面深绿色，背面淡绿色，主脉上疏生短毛，背面带灰白色，密生白色短柔毛；叶柄长 4～8 mm，密被短柔毛。苞片叶状，外面有柔毛和腺毛。花萼细小，萼筒长约 2 mm，黄绿色，先端 5 裂，萼齿卵状三角形或长三角形，顶端尖而有长毛，外面和边缘均有密毛。花成对生于叶腋，花蕾呈棒状，上粗下细，黄白色或淡绿色，密生短柔毛；开放时花呈筒状，稍被柔毛，有时基部向阳面呈微红色，先端二唇形，上唇裂片顶端钝形，下唇裂片带状而反曲，初开时白色，后变黄色；长 2～6 cm，筒部稍长于唇瓣，很少近等长，外被倒生的开展或半开展糙毛和长腺毛；雄蕊和花柱均高出花冠，雄蕊 5 枚，附于筒壁，黄色，雌蕊 1 枚，子房无毛。气清香，味淡，微苦。药材以花蕾未开放、黄白色或绿白色、无枝叶杂质者为佳。果实圆形，直径 6～7 mm，熟时蓝黑色，有光泽；种子卵圆形或椭圆形，褐色，长约 3 mm，中部有 1 凸起的脊，两侧有浅横沟纹。花期 4～6 月（秋季亦常开花），果熟期 10～11 月。

2. 生长发育习性

金银花耐低温，可在 –30℃的低温生存，故又名"忍冬花"，但在 3℃以下生理活动微弱，5℃以上可正常萌芽，16℃以上新枝生长旺盛，20℃左右花蕾可较快的生长发育，20～30℃是金银花的最适生长温度，35℃以上对生长有一定的影响。金银花一般在 2～4 月或 7～9 月种植，4～6 月为花期，10～11 月

为果熟期。金银花喜光，要求年日照在 1800～1900 小时，在荫蔽处影响生长发育，导致枝嫩细长，花蕾分化降低，影响产量和质量。

3. 生长分布区域

金银花在我国分布较广，生境分布于溪边、旷野疏林下或灌木丛中，海拔最高达 1500 m。金银花根系繁密发达，萌蘖性强，茎蔓着地即能生根；适应性强，喜阳、耐阴、耐寒性强，也耐干旱和水湿，在荫蔽处生长不良；对土壤要求不严，乱石堆、山脚路旁及村庄篱笆边均可生长。种植区域主要集中在广西、山东、陕西、河南、河北、湖北、江西、广东等省区，其中河南、山东为道地产区的集聚区。广西栽培种植主要集中在桂林、柳州、百色、马山、忻城等地。

三、栽培技术

1. 品种选定

《中国药典》（2020 年版，一部）收录的金银花药材选用品种为忍冬科植物忍冬。

2. 选地、整地和施肥

金银花具有较强的适应性，对土壤要求不严，但以土层深厚、疏松肥沃、排灌方便的腐殖质土壤为好。选地后对土壤进行深翻 30 cm 以上，每公顷施农家肥 60000 kg，整平耙细。用种子繁殖时，可作宽 1 m 的平畦；扦插繁殖时，可不作畦。

3. 栽培方式

金银花繁殖可用种子或扦插繁殖，生产上多用扦插繁殖。

（1）种子繁殖

11 月采收成熟果实，在清水中搓洗，去净果肉和瘪籽，将饱满种子晾干保存。翌年 4 月将种子放在 35～40℃的温水中浸泡 24 小时，取出拌 2～3 倍湿沙催芽，待种子有 30% 裂口时即可播种。将整好的畦放水浇透，待表土稍松干时，平整畦面，按行距 20 cm 划线沟，将种子均匀撒入沟内，覆土 1 cm，再盖一层稻草，保持湿润。播种后 10 多天即可出苗。秋季或翌年春季移栽，移栽方法同扦插繁殖，每亩用种子 1.4 kg 左右。

（2）扦插繁殖

一般夏秋阴雨天气进行，选择生长势旺，无病虫害的 1～2 年生枝条，截成 30～35 cm 长的插穗，摘去下部叶子。在选好的地上，按行距 1.5 m、株距 1.5 m 挖穴，穴深 16 cm，每穴插 5～6 根插穗，分散开斜立于土中，地上露出 7～10 cm，随剪随插，栽后填土压实并浇水。也可采用扦插育苗移栽法，以节省插穗，便于管理。

图 5-2　金银花移栽

4. 田间管理

（1）中耕除草、培土

栽植后，要及时中耕除草，先深后浅，勿伤根部。中耕既可以抑制杂草的生长，又可以使土壤疏松、保持水分、增加土壤的通气性，为植株生长提供良好的土壤环境。每年根据杂草生长情况可进行 3～5 次除草，并在春秋两季进行 2 次培土，春季在惊蛰前、秋季在秋后封冻前进行培土，防止根部外露。

（2）追肥

常结合培土进行。方法是在花墩周围开 1 条浅沟，将肥料撒于沟内，上面用土盖严。肥料以施加农家肥为主，配合施加少量化肥，施肥量可据花墩大小而定。一般多年生的大花墩，每墩可施农家肥 5～6 kg，复合肥 50～100 g。此外，采花后，有条件的可追肥 1 次。

（3）整枝修剪

郁闭的环境不利于植株的生长，因此合理的修剪是金银花增产的关键。修剪主要遵循主干定型、壮枝轻剪、弱枝重剪、老枝回缩的原则。定植后的前两年主要以主干定型修剪，在原苗的主干基础上，选留 2～4 条发育健壮的主干，摘除顶梢，剪除其他枝条，抹尽边芽，反复多次，促进主干增粗定型，使整株的株型成伞状。定干后，每年冬、夏两季进行修剪。冬剪主要掌握"旺枝轻剪、弱枝重剪、枯枝全剪、枝枝都剪"的原则，一般壮枝宜保留 8～10 对芽；弱枝保留 3～5 对芽；而对细、弱、病、枯和缠绕枝、高叉枝要全部剪除。夏剪要轻，一般在前茬花采收后，对长势旺的枝条剪去顶梢，以利新枝萌发，对生长细弱、叶片发黄的、影响通风透光的小枝条应全部剪除。夏剪得当对二茬、三茬花有明显的增产作用。

四、主要病虫害及防治技术

积极贯彻"预防为主，综合防治"的方针。针对金银花栽培过程中出现的病虫害防治，首先采用农业防治方法，选用和培育健壮无病害、虫害的种子、种苗，保持田间栽培环境的清洁，及时翻耕土地，尽可能杀死土壤中的有害虫蛹；春秋季节，及时剪除纤弱枝、虫枝和病枝，集中烧毁或者深埋病害、残弱的枯枝落叶；及时清除田间杂草，扦插育苗地最好采用地膜覆盖，田间栽培基地可以采用秸秆、稻草或园艺地布覆盖技术抑制杂草生长，通常在杂草出苗期和杂草种子成熟期前，选在晴天进行中耕除草。其次是采用物理防治方法，在害虫成虫的发生期，推荐使用诱虫灯、杀虫灯等在虫害发生期间的晚上 7 时至翌日 6 时开灯诱杀银花尺蠖、咖啡虎天牛、蚜虫等害虫的成虫。若采用化学防治方法，应选择高效、低毒、低残留的农药，用药次数和用量应符合《农药合理使用准则》（GB/T 8321 所有部分）、《绿色食品　农药使用准则》（NY/T 393—2020）绿色食品的农药使用要求，严禁使用剧毒、高毒、高残留或具有三致毒性（致癌、致畸、致突变）的农药。

1. 主要病害及防治

（1）褐斑病

①为害特征：主要为害金银花的叶，发病初期在叶上形成褐色小点，后扩大成褐色圆病斑或不规则病斑。病斑背面生有灰黑色霉状物，发病重时，能使叶片脱落，造成植株长势衰弱。

②发病时期：多发生在6～9月，特别在8～9月是发病盛期，在多雨潮湿的条件下发病情况更加严重。

③防治方法：及时清除病枝落叶，将病枝病叶集中烧毁或深埋；增施磷钾肥，提高植株抗病能力。也可在发病初期用70%甲基硫菌灵可湿性粉剂800倍稀释液、70%代森锰锌可湿性粉剂800倍稀释液、扑海因1500～2000倍稀释液喷雾防治，每隔7～10天喷1次，连喷2～3次，注意交替轮换施药。

图 5-3　褐斑病

（2）白粉病

①为害特征：主要为害新梢和嫩枝，在温暖干燥或植株荫蔽的条件下发病严重。发病初期，叶片上产生白色小点，后逐渐扩大成白色粉斑，继续扩展布满全叶，造成叶片发黄，皱缩变形，最后引起落花、落叶、枝条干枯。

②发病时期：该病害多发生在春季。

③防治方法；合理密植、整形修剪，改善通风透光条件，可增强抗病力；少施氮肥，多施磷钾肥和有机肥，提高植株的免疫力；发病初期用15%粉锈宁（三唑酮）1500倍稀释液、50%瑞毒霉·锰锌1000倍稀释液、75%百菌清可湿性粉剂800～1000倍稀释液喷雾防治，每7天1次，连喷2～3次。

（3）白绢病

①为害特征：主要为害金银花的根茎基部，首先体现在离地5～10 cm的根茎部出现褐色斑点，随后逐渐扩大，其上被有白色绢丝状菌丝层，多呈放射状蔓延，常常蔓延到病部附近土面上，后期菌丝形成褪色小菌核。病部皮层易剥离，基部叶片易脱落，导致植株生长发育停滞。

②发病时期：主要发生在高温多雨的5～8月，低洼地发生严重，幼花丛发病率高，老花丛发病率低。

③防治方法：春、秋季扒开土层晾晒根部，刮治根部，用波尔多液浇灌，并用五氯酚钠拌土敷根部，同时在病株周围挖30 cm的沟，加以封锁，防止蔓延。

图5-4　白粉病

2. 主要虫害及防治

（1）蚜虫

①为害特征：主要以成虫、幼虫为害金银花的叶片、嫩枝，引起叶片和花蕾

卷曲，枝条伸展不良，生长停止，产量锐减。

②发生时期：4～6月虫情较重，在立夏前后，特别是阴雨天，蔓延更快。

③防治方法：在早春休眠期剪掉带虫枝条和枯枝，及时清除残枝病叶，减少越冬成虫和若虫；在田间悬挂黄板；用70%吡虫啉可湿性粉剂3 g或2.5%高效氯氰菊酯15 mL喷雾防治，连续多次，直至杀灭。

图5-5　蚜虫

（2）咖啡虎天牛

①为害特征：以幼虫蛀食枝干，尤以5年生以上的植株受害严重。

②发生时期：一般在4～5月幼虫开始孵化，5～6月开始发生。

③防治方法：于4～5月在成虫发生期和幼虫初孵期用80%敌敌畏乳剂1000倍稀释液喷雾；用糖醋液（糖、醋、水、敌百虫的配比为1∶5∶4∶0.01）诱杀成虫；7～8月释放天敌天牛肿腿蜂防治。

图5-6　咖啡虎天牛

（3）银花尺蠖

①为害特征：以幼虫咬食叶片，影响植株的生长。

②发病时期：6～9月发生，以幼虫咬食叶片。

③防治方法：冬季清洁田园，及时发现幼虫，即用80%敌敌畏乳油1000倍稀释液或95%晶体敌百虫800～1000倍稀释液喷施。

图5-7　银花尺蠖

五、采收贮藏技术

1. 采收

金银花一般在第三年达到丰产期，一般在5月中下旬采摘第一茬花，6月中、下旬采摘第二次花，每间隔1个月陆续采摘，共可采摘4～5茬花。当花蕾上部膨大但未开放，呈青白色、略弯曲时采收品质最佳。

2. 加工

当花采下后，应立即晾干或烘干，将花蕾放在晒盘内，厚度以3～6 cm为宜，以当天晾晒至干为原则。如遇阴雨天应及时烘干，初烘时温度为30℃～35℃，烘2小时后，温度可升至40℃左右，经5～10小时后，把温度升至55℃左右，使花迅速干燥即成。烘干时不能用手或其他东西翻动，否则花易变黑；未干时不能停止烘烤，否则将发热变质。

3. 贮存

金银花贮藏应置于阴凉干燥处，室温一般不超过30℃，做好防潮，防蛀。

在贮藏过程中，如出现潮湿可采取阴干或晾晒的办法，也可以用文火缓缓烘焙，切忌曝晒，以防变色。晾晒或烘烤干燥后，要待其回软后才能进行包装，否则，花朵容易破碎，影响等级和质量；如果金银花生虫，数量少的可用硫黄熏，数量多的可以用磷化铝熏，时间一般一天左右，过期则影响花朵色泽，降低价值。

图5-8　金银花药材

六、规格标准和药材质量标准

1. 规格标准

金银花规格标准为《中药材商品规格等级 金银花》T/CACM 1021.10—2018。

（1）金银花规格（金银花药材在流通过程中用于区分不同交易品类的依据）：根据加工方式，将金银花药材分为晒货和烘货两个规格。

（2）金银花等级（在金银花药材各规格下，用于区分金银花品质的交易品种的依据）：在各规格下，根据开放花率、枝叶率和黑头黑条率划分等级。

一等晒货：花蕾肥壮饱满、匀整，颜色为黄白色，无开放花，无枝叶，无黑头黑条，无破碎。

二等晒货：花蕾饱满、较匀整，颜色为浅黄色，开花率≤1%，枝叶率≤1%，黑头黑条率≤1%。

三等晒货：花蕾欠匀整，颜色不分，开花率≤2%，枝叶率≤1.5%，黑头黑条率≤1.5%。

一等烘货：花蕾肥壮饱满、匀整，颜色为青绿色，无开放花，无枝叶，无黑头黑条，无破碎。

二等烘货：花蕾饱满、较匀整，颜色为绿白色，开花率≤1%，枝叶率≤1%，黑头黑条率≤1%。

三等烘货：花蕾欠匀整，颜色不分，开花率≤2%，枝叶率≤1.5%，黑头黑条率≤1.5%。

2. 药材质量标准

《中华人民共和国药典》（2020年，一部）规定：水分不得超过12.0%，总灰分不得超过10.0%，酸不溶性灰分不得超过3.0%；重金属及有害元素：铅不得超过5 mg/kg，镉不得超过1 mg/kg，砷不得超2 mg/kg，汞不得超过0.2 mg/kg，铜不得超过20 mg/kg。该品按干燥品计算，含绿原酸（$C_{16}H_{18}O_9$）不得少于1.5%，含酚酸类以绿原酸（$C_{16}H_{18}O_9$）、3，5二–O–咖啡酰奎宁酸（$C_{25}H_{24}O_{12}$）和4，5二–O–咖啡酰奎宁酸（$C_{25}H_{24}O_{12}$）的总量计，不得少于3.8%。木犀草苷含量不得少于0.05%。

第六章 厚朴

厚朴又称紫朴、紫油朴、温朴等，为木兰科（Magnoliaceae）植物厚朴（*Houpoea officinalis* Rehd. et Wils.）或凹叶厚朴［*Houpoea officinalis*（Rehd.et Wils.）var. *biloba*（Rehd. et Wils.）］的干燥干皮、根皮及枝皮，中药材中的厚朴指 15 年生以上厚朴植物的干燥干皮、根皮及枝皮。厚朴始载于《神农本草经》，列为中品，历代本草均有记载。

图 6-1　厚朴植株

一、基原种、药用部位和药用价值

1. 基原种

根据《中华人民共和国药典》（2020 年版，一部）记载厚朴基原种为木兰科植物厚朴或凹叶厚朴。

2. 药用部位

《中国药典》（2020 年版，一部）记载厚朴的药用部位为厚朴和凹叶厚朴干燥的树皮、根皮、枝皮和花蕾。其主要药理成分为厚朴酚、和厚朴酚、和厚朴新酚，此外还有其他物质如厚朴三醇 B、厚朴醛 B、厚朴醛 D、单菇木脂素、木兰醌、magnrdignan A、magnrdignan C、厚朴木脂素 F 和挥发油等。

3. 药用价值

《中国药典》（2020 年版，一部）记载厚朴的传统疗效为燥湿化痰，下气除满。用于湿滞伤中，脘痞吐泻，食积气滞，腹胀便秘，痰饮喘咳。此外，厚朴煎剂对葡萄球菌、链球菌、赤痢杆菌、巴氏杆菌、霍乱弧菌有较强的抗菌作用，而且对横纹肌强直也有一定的缓解作用。

二、生物学特征、生长特性和分布区域

1. 植物学特征

厚朴为多年生落叶乔木，生长较缓慢，一年生苗一般 33～40 cm，树龄 8 年以上为成年树，15 年以上可以剥皮。树干通直，可达 15～20 m；树皮褐色，皮厚，具纵裂纹；小枝淡黄色或灰黄色，粗壮，幼时有绢毛；顶芽大，狭卵状圆锥形，无毛。单叶互生，叶大，呈长圆状倒卵形，长 22～45 cm，宽 10～24 cm，近革质，7～9 片聚生于枝端，全缘而微波浪状，腹面绿色，无毛，背面灰绿色，被灰色柔毛，有白粉；叶柄粗壮，长 2.5～4 cm，托叶痕长为叶柄的 2/3。花白色，直径 10～15 cm，与叶同时开放，单生枝顶；花梗粗短，被长柔毛，离花被片下 1 cm 处具苞片脱落痕，花被片 9～12 片，厚肉质，外轮 3 片淡绿色，长圆状倒卵形，长 8～10 cm，宽 4～5 cm，盛开时常向外反卷，内两轮白色，倒卵状匙形，长 8～8.5 cm，宽 3～4.5 cm，基部具爪，最内轮 7～8.5 cm，花盛开时内轮直立；雄蕊多数，长 2～3 cm，花药长 1.2～1.5 cm，内向开裂，花丝长 4～12 mm，红色；雌蕊群椭圆状卵圆形，长 2.5～3 cm。聚合蓇葖果，长椭圆状卵形，长 9～15 cm；蓇葖果具长 3～4 mm 的喙；种子三角状倒卵形，长约 1 cm。花期 5～6 月，果期 8～10 月。

凹叶厚朴与厚朴相比，二者不同之处在于凹叶厚朴叶先端凹缺，成 2 钝圆的浅裂片，但幼苗之叶先端钝圆，并不凹缺；聚合果基部较窄。

2. 生长发育习性

厚朴为落叶乔木，为我国特有树种。厚朴喜光，幼龄稍耐荫，喜湿润温凉气候，严寒、酷热、久晴、连绵阴雨对其生长不利。在海拔 1000～1500 m 山区生长较好，在 1700 m 以上种植仅能开花，不能结果。土壤以肥沃疏松、腐殖质丰富、排水良好的酸性壤土较好，石多土硬之地不宜栽培。5 年生以前生长较慢，以后逐渐

加快。在适宜生长之地，树龄到 15～20 年，树高约 10 m，树胸径约 20 cm。15 年树龄后开始结实，20 年以后进入盛果期。常混生于落叶阔叶林内，或生于常绿阔叶林缘。

3. 生长分布区域

厚朴 1999 年被国务院批准为二级重点保护野生植物，在西北、华东、中南和西南地区均有分布。厚朴主要分布在四川西南部、湖北西部、甘肃南部及陕西南部；凹叶厚朴主要分布在浙江、安徽、江西、福建、广西、湖南及广东北部。

在广西，厚朴主要分布于灌阳、荔浦、临桂、全州、兴安、资源、八步、钟山、富川、融水、三江等地。

三、栽培技术

1. 品种选定

不同地区栽植不同的品种，主要分为木兰科植物厚朴和凹叶厚朴，广西区内主要以凹叶厚朴分布为主，可以选择该品种栽植。

2. 选地、整地和施肥

定植地宜以向阳、湿润、疏松、富含腐殖质、呈中性或微酸性的沙壤土和壤土为好，山地黄壤、红黄壤也可种植，黏重、排水不良的土壤不宜种植。选地后于 9～10 月进行深翻土壤 30 cm，整平，按株行距 3 m×4 m 或 3 m×3 m 开穴，穴深 40 cm×50 cm，或做成 1.2～1.5 m 宽的畦，畦沟宽 40～45 cm。种植前每亩施厩肥 3000 kg，过磷酸钙 50 kg。

3. 栽培方式

以种子繁殖为主，也可压条和扦插繁殖。

（1）种子繁殖

10 月下旬，选 15～20 年树龄的生长健壮、干直皮厚、无病虫害的优良植物为采种母株。当果壳露出红色种子时，连果柄采下，选饱满、无病虫害的颗粒与湿沙混合贮藏。于 10 月下旬至 11 月上旬进行冬播，也可在 2 月下旬至 3 月上旬进行春播。春播时需将种子放入 50℃的温水中，待自然冷却并浸种 48 小时后，用沙搓去种子表面的红色假种皮后播种。播种时一般采取条播方式，条距 25 cm 左右，沟深 10 cm，每隔 8 cm 左右播 1 粒种子，覆土厚 3～5 cm。每亩播种 15～20 kg。播种后用麦草或杉木枝叶覆盖土面。一般 3～4 月出苗，出苗后，要经常拔除杂草，并搭棚遮阳。1～2 年后当苗高 30～50 cm 时即可移栽，时间在 10～11 月落叶后或 2～3 月萌芽前，每穴栽苗 1 株。

（2）压条繁殖

在 2 月或 11 月上旬选择 10 年以上树龄的成年树的萌蘖，横向割断蘖茎一半，向切口相反方向弯曲，使茎纵裂，在裂缝中央夹一小石块，培土覆盖。翌年生多数根后割下定植。

（3）扦插繁殖

在 2 月选直径 1 cm 左右的 1～2 年生枝条，剪成长约 20 cm 的插条，插于透气性和透水性好的苗床中，上端留芽 2～3 个，苗期管理与种子繁殖相同，翌年移栽。

图 6-2　厚朴植株移栽

4. 田间管理

（1）中耕除草

定植 1～3 年的幼苗，苗木矮小，每年中耕除草 2 次，翻土 5 次。幼树期除需压条繁殖外，应剪除萌蘖，林分郁闭度保持在 0.7 左右为好，以保证主干挺直、快长。

（2）施肥

在小苗期和成长中前期，需要人为补充养分，在中耕除草时适量施用尿素与过磷酸钙等氮磷复合肥或农家肥，每亩施尿素 15 kg、磷酸二氢钾 20 kg 或农家肥 150 kg，促进其适时进入旺长期，快速生长成材。等到药苗长出庞大根系后，即可自行从土壤中吸收养分，此后无需再施任何肥料。

（3）排灌

定植时遇干旱，及时浇水，抗旱保苗，雨季要及时排除积水，防止罹病。成林后，不遇特殊干旱一般不浇水。另外，成林前，禁止放牧、砍柴、割草等，以防伤害苗木。

四、主要病虫害及防治技术

积极贯彻"预防为主，综合防治"的方针。针对厚朴出现的病虫害防治，首先采用农业防治方法，选用和培育健壮无病害、虫害的种子、种苗，保持田间栽培环境的清洁，及时翻耕土地，尽可能杀死土壤中的有害虫蛹；春秋季节，及时剪除纤弱枝、虫枝和病枝，集中烧毁或者深埋病害、残弱的枯枝落叶；及时清除田间杂草，扦插育苗地最好采用地膜覆盖，田间栽培基地可以采用秸秆、稻草或园艺地布覆盖技术抑制杂草生长，通常在杂草出苗期和杂草种子成熟期前，选在晴天进行中耕除草。其次是采用物理防治方法，在害虫成虫的发生期，推荐使用诱虫灯、杀虫灯等在虫害发生期间的晚上 7 时至翌日 6 时开灯诱杀黄刺蛾、褐天牛等害虫的成虫。若采用化学防治方法，应选择高效、低毒、低残留的农药，用药次数和用量应符合《农药合理使用准则》（GB/T 8321 所有部分）、《绿色食品 农药使用准则》（NY/T 393—2020）绿色食品的农药使用要求，严禁使用剧毒、高毒、高残留或具有三致毒性（致癌、致畸、致突变）的农药。

1. 主要病害及防治

（1）立枯病

①为害特征：多为害幼苗，发病时靠近土面的茎基部呈暗褐色病斑，病部缢缩腐烂，幼苗倒伏死亡。该病有 4 种类型：第一种腐烂型，主要发生在幼苗尚未出土时，种子或幼芽产生腐烂现象；第二种梢腐型，发生在幼苗出土后茎梢腐烂，

幼苗死亡；第三种猝倒型，发生在幼苗出土后 1 个月左右，在接近地面的苗茎基部腐烂变成褐色，使苗木倒状；第四种根腐型，发病时苗木根部腐烂、枝茎生暗黑斑纹，继而全株枯死。

②发病时期：立枯病常发生于苗期，多发生在梅雨季节。

③防治方法：发现病株后，应立即将病株拔掉并烧毁，同时挖出带病菌的土，回填新土。每平方米用 70% 五氯硝基苯可湿性粉剂拌土 400 倍撒到带病菌的地上或撒生石灰消毒，以防止蔓延。可用 1∶1∶100 的波尔多液（即由 1 份硫酸铜、1 份生石灰加 100 份水配制而成）在苗木出土后喷洒，每平方米用药 112 g，每隔 10 天左右喷 1 次，连续 4～5 次；或 2%～3% 硫酸亚铁（青矾）药液进行喷洒，喷洒过 10～30 分钟后再喷 1 次清水，洗掉叶面上的药液，以免发生药害；或 50% 甲基托布津可湿性粉剂 1000～1500 倍稀释液、50% 多菌灵可湿性粉剂 1000～1500 倍稀释液浇灌病株根部。

图 6-3　立枯病

（2）叶枯病

①为害特征：主要为害叶片，发病初期叶片病斑呈黑褐色，圆形，直径 0.2 ～ 0.5 cm，以后逐渐扩大布满全叶，导致叶片干枯而死。

②发病时期：一般在 7 月开始发病，8 ～ 9 月为发病盛期，10 月以后病害逐渐停止蔓延。

③防治方法：冬季清除病叶，集中烧毁或深埋以减少病菌的来源；发病后及时摘除病叶，并集中销毁；发病初期，可用 1 ∶ 1 ∶ 100 波尔多液每隔 7 ～ 10 天喷 1 次；或用 50% 退菌特可湿性粉剂 800 倍稀释液，连续喷洒 2 ～ 3 次。

图 6-4　叶枯病

（3）根腐病

①为害特征：病源菌为尖孢镰菌，主要为害幼苗，使根部发黑腐烂，呈水渍状，继而全株枯死。

②发病时期：6 月下旬开始发病，7 ～ 8 月为发病盛期。

③防治方法：在作苗床前，用敌克松原粉拌适量细土，均匀撒入圃地表土层中，进行土壤消毒。发现病株马上拔除集中烧毁。根据病情，可用 65% 敌克松与黄心土拌匀后撒在苗木根茎部；用 50% 多菌灵可湿性粉剂 500 倍稀释液灌入病株附近苗木根部；或用石灰与细土按 1 ∶ 70 拌匀，撒在幼苗周围，可以控制病害蔓延。

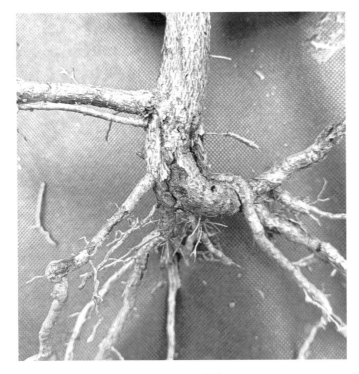

图 6-5　根腐病

2. 主要虫害及防治

（1）褐天牛

①为害特征：成虫在 5 年以上幼株，距地面 30 ～ 50 cm 的树干基部咬破树皮产卵，皮层常裂开突起。刚孵出的幼虫先钻入皮下为害，咬食枝条树皮，使其干枯而死。初龄幼虫在树皮下穿蛀出不规则的虫道，长大后，蛀入木质部，为害主干。虫孔常排出木屑，被害植株逐渐枯萎死亡。

②发病时期：成虫盛发期在 5 ～ 7 月。

③防治方法：成虫盛发期进行人工捕杀，在裂口处刮除卵粒及初孵幼虫。幼虫蛀入木质部后，见树干上有新鲜蛀孔，即用钢丝钩杀。或用药棉浸 80% 敌敌畏乳油原液塞入蛀孔，用泥封口，毒杀幼虫。冬季刷白树干，并用硫黄粉 1 份、生石灰 10 份、水 40 份拌成石灰浆涂刷，可防止成虫上树干产卵。

图 6-6　褐天牛

（2）白蚁

①为害特征：为害成林根部和幼苗整株，为害厚朴的有黄翅大白蚁和黑翅大白蚁。

②发病时期：黑翅大白蚁为害盛期在 4 ～ 5 月；黄翅大白蚁为害盛期在 5 月中旬。

③防治方法：a. 食物诱杀。白蚁发生时，于被害处附近挖长 1 m，宽 0.7 ～ 1 m，深 0.7 m 的土坑，坑内放松木、松枝、甘蔗渣、稻草等白蚁喜食之物，再洒以稀薄的红糖水或米汤，上面再盖一层草。白蚁诱至后，喷洒灭蚁灵或 50% 升汞、35% 亚砷酸、10% 水杨酸、5% 红砒；也可将白蚁喜食之物经 1 ∶ 5 的亚砷酸液浸渍后，放在林木被害处，白蚁食后，回巢死亡。b. 压烟熏杀。按白蚁分飞孔判断巢位，据此开沟，一般入土 0.7 ～ 1 m 深即可发现主道，在通向主巢的主道下方挖 1 个烟色洞，大约可放 1 kg 烟剂，放药发烟后，洞口用挡烟板挡死，然后将打气筒与挡烟板上的气眼接好后打气、压烟，冬季压烟 12 小时，夏季压烟 48 小时，可将全巢白蚁杀死。或在分飞孔上施灭蚁灵粉剂，以便守卫分飞孔的兵蚁带入巢穴，将所有白蚁杀死。

图 6-7 白蚁

（3）黄刺蛾（洋辣子）

①为害特征：幼虫取食树叶下表皮及叶肉，使树叶仅存上表皮，形成圆形透明斑。大龄后取食全叶，仅残留枝条及叶柄，严重影响林木生长及果实产量，甚至使树木枯死。

②发病时期：幼虫 6～9 月发生为害，8 月为害最严重。

图 6-8 刺蛾

③防治方法：黄刺蛾越冬期长达 7 个月，采用采摘、敲击、挖掘虫茧和挖孔埋杀等措施，可有效地减少虫口密度。黄刺蛾小幼虫多群集于叶片，可以摘叶消灭。幼虫对药剂抵抗力弱，低龄幼虫用干黄土粉喷洒，便可杀灭。5 龄后幼虫可用 90% 晶体敌百虫 1000 倍稀释液、50% 辛硫磷乳油 1500～2000 倍稀释液、砷酸铅 200 倍稀释液或每克含孢子 100 亿个的青虫菌 500 倍加少量 90% 敌百虫喷雾，效果均好。老熟幼虫入土结茧，需爬行，清晨在树下检查，杀死幼虫，可减少下代虫口密度。大多数黄刺蛾成虫有趋光性，在成虫羽化期，设黑光灯诱杀，效果明显。

五、采收贮藏技术

1. 采收

（1）皮的采收

厚朴定植后 15 年以上即可剥皮，一般于 5～6 月生长旺盛期进行。在树木砍倒之前，从树生长的地表面按每间隔 35～40 cm 长度用利刀环向割断干皮，然后沿树干纵切一刀，用扁竹刀剥取干皮，按此方法剥到人站在地面上不能再剥时，将树砍倒，再砍去树枝，按上述方法和长度剥取余下干皮。枝皮的长度和剥取方法同干皮。若不进行林木更新的，则将根部挖起，剥取根皮。将剥取的皮横向放置，运回加工。干皮习称"筒朴"，枝皮习称"枝朴"，根皮习称"根朴"。

（2）花的采收

厚朴定植后 5～8 年开始开花，在花将开放时采摘花蕾。宜于阴天或晴天的早晨采集，采时注意不要折伤枝条。

2. 加工

（1）皮的加工

将厚朴干皮、枝皮及根皮置沸水中烫软后，取出直立于木桶内或室内墙角处，覆盖湿草、棉絮、麻袋等使其"发汗"一昼夜，待内表皮和断面变得油润有光泽，呈紫褐色或棕褐色时，将每段树皮大的卷成双筒状，小的卷成单筒状，用利刀将两端切齐，用井字法堆放于通风处阴干或晒干均可；较小的枝皮或根皮直接晒干即可。

（2）花的加工

鲜花运回后，放入蒸笼中蒸 5 分钟左右取出，摊开晒干或温火烘干。也可将鲜花置于沸水中稍烫，随即捞出晒干或烘干。

3. 贮存

采用符合药用标准的塑料编织袋，按每袋 25 kg 及相应标准进行分级包装。包装记录内容包括品名、批号、规格、产地、等级、数量、包装工号、生产日期等。将包装好的产品贮藏在货架上，与墙壁间隔约 40 cm，距离地面约 50 cm，贮藏仓库应阴凉通风、干燥、并定期抽查，注意防尘、防鼠、防虫蛀等，保证商品不霉烂、不变质。

图6-9 厚朴药材

六、规格标准和药材质量标准

1．规格标准

厚朴规格标准参考《中药材商品规格等级 厚朴》SB/T 11174.4—2016。

（1）厚朴规格（厚朴药材在流通过程中用于区分不同交易品类的依据）：厚朴药材在流通过程中，规格如下。

筒朴：为干皮，呈卷筒状或双卷筒状，两端平齐，习称筒朴。

根朴：为根皮，呈单筒状或不规则块片，有的弯曲似鸡肠，又称鸡肠朴。

蔸朴：为靠近根部的干皮和根皮，一端膨大，似靴形，又称靴筒朴或靴脚朴。

（2）厚朴等级（在厚朴药材各规格下，用于区分厚朴品质的交易品种的依据）：筒朴分为一等、二等、和三等；根朴和蔸朴均为统货。

一等筒朴和二等筒朴的性状共同点：干货。呈卷筒状或双卷筒状，两端平齐，长30 cm以上。外表面灰棕色或灰褐色，有明显的皮孔和纵皱纹，粗糙，除去粗皮者显黄棕色。内表面较平滑，具细密纵纹，划之显油痕。质坚硬，断面显油润，颗粒性，纤维少，有时可见发亮的细小结晶。气香，味辛辣、微苦。无青苔、杂质、霉变。

区别：一等品皮厚3.0 mm以上，内表面紫褐色，断面外层黄棕色，内层紫褐色；二等品皮厚2.0 mm以上，内表面紫棕色，断面外层灰棕色或黄棕色，内层紫棕色。

三等筒朴的性状：干货。卷成筒状或不规则的块片，以及碎片、枝朴，不分长短大小，均属此等。外表面灰棕色或灰褐色，有明显的皮孔和纵皱纹。内表面划之略显油痕。断面具纤维性。气香，味苦辛。无青苔、杂质、霉变。皮厚 1.0 mm 以上。内表面紫棕色或棕色。断面外层灰棕色，内层紫棕色或棕色。

根朴统货的性状：干货。呈卷筒状，或不规则长条状，屈曲不直，长短不分。外表面棕黄色或灰褐色，内表面紫褐色或棕褐色。质韧。断面略显油润，有时可见发亮的细小结晶。气香，味辛辣、微苦。无木心、须根、杂质、霉变、泥土等。

蔸朴统货的性状：干货。为靠近根部的干皮和根皮，呈卷筒状或双卷筒状，一端膨大，似靴形。长 13 ～ 70 cm，上端皮厚 2.5 mm 以上。外表面棕黄色、灰棕色或灰褐色，粗糙，有明显的皮孔和纵、横皱纹；内面紫褐色，划之显油痕。质坚硬，断面紫褐色，显油润，颗粒状，纤维少，有时可见发亮的细小结晶。气香，味辛辣、微苦。无青苔、杂质、霉变、泥土等。

2. 药材质量标准

《中国药典》（2020 年版，一部）规定，药材厚朴水分不得超过 15.0%，总灰分不得超过 7.0%，酸不溶性灰分不得超过 3.0%。该品按干燥品计算，含厚朴酚（$C_{18}H_{18}O_2$）与和厚朴酚（$C_{18}H_{18}O_2$）的总量不得少于 2.0%。

第七章 白及

白及又称白芨，为兰科植物白及［*Bletilla striata*（Thunb.）Reichb.f.］的干燥块茎。白及作为药用植物始载于《神农本草经》，是多年生草本球茎植物，在全国大部分地区均有栽培，生长于 100 ～ 3000 m 的丘陵、低山溪谷边及荫蔽草丛中或林下湿地。

一、基原种、药用部位和药用价值

1. 基原种

根据《中国药典》（2020 年版，一部）记载，白及的基原种为兰科植物白及。因为白及具有极高的经济价值与药用价值，野生白及资源遭到了大肆人工采挖，再加上白及的生态环境遭到破坏，野生资源日益减少，目前已被《中国植物红皮书：稀有濒危植物》第一册收录，同时也被写入了《濒危野生动植物国际贸易公约》保护种类。

2. 药用部位

白及的入药部位为干燥块茎。白及统货呈不规则扁圆形，多有 2 ～ 3 个爪状分枝，少数具 4 ～ 5 个爪状分枝，长 1.5 ～ 6 cm，厚 0.5 ～ 3 cm。表面灰白色至灰棕色，或黄白色，有数圈同心环节和棕色点状须根痕，上面有突起的茎痕，下面有连接另一块茎的痕迹。质坚硬，不易折断，断面类白色，角质样。气微，味苦，嚼之有黏性。白及饮片呈不规则的薄片。外表皮灰白色至灰棕色，或黄白色。切面类白色至黄白色，角质样，半透明，维管束小点状，散生，质脆，气微，味苦，嚼之有黏性。白及的有效活性成分主要有二氢菲类、联菲醚类、菲并吡喃类、甾体、脂肪酸、三萜、联苄类、糖蒽醌、联菲类、联苄葡萄糖苷类、多黄酮等。

3. 药用价值

白及主要以其假鳞茎制药，在我国中药材市场上主要以片状或整个块状假鳞茎干货的形式出售。其在医药上其具有收敛止血、消肿生肌的功效；用于治疗咳血、吐血、外伤出血、疮疡肿毒、皮肤皲裂等。

二、生物学特征、生长特性和分布区域

1. 植物学特性

白及是多年生草本地生植物，株高 15～70 cm。茎基部具膨大的扁球形、扁卵圆形或不规则圆筒形假鳞茎。假鳞茎的侧边常具 2 枚突起，肉质肥厚，富黏性，彼此以同一方向的突起与毗邻的假鳞茎相连串，具荸荠似的环带，生数条细长根。叶全缘，互生，2～6 片，披针形或长圆状披针形，长 8～40 cm，宽 1.5～5 cm，基部有管状鞘，先端渐尖，基部下延成长鞘状，叶柄互相卷成抱茎状。总状花序顶生，常具花 3～10 朵，花序轴蜿蜒状，长 4～12 cm，通常不分枝或极罕见分枝。花紫红色、粉红色，罕见白色，直径 3～4 cm。萼片与花瓣相似，长圆状披针形，近等长，离生。唇瓣倒卵形，长 2.3～2.8 cm，白色或具紫纹，上部 3 裂，内面具 5 条纵脊状褶片；中裂片边缘有波状齿；侧裂片直立，合抱蕊柱，稍伸向中裂片，但不及中裂片的一半。雄蕊与花柱合成一蕊柱，和唇瓣对生。花粉团 8 个，成 2 群，每室 4 个，粒粉质，柱头 1 个。蒴果长圆状纺锤形，长约 3.5 cm，直径约 1 cm，两端稍尖，具 6 纵肋，直立。花期 4～6月，果期 7～9 月。

图 7-1　白及植株

2. 生长发育习性

白及主产于陕西、四川、贵州、云南等地，在全国大部分地区均有栽培，生长发育要求肥沃、疏松而排水良好的沙质壤土或腐殖质壤土，稍耐寒,播种后3～4年采收。对白及的生长发育情况进行调查发现，其喜温暖、阴湿的环境，常生长于较湿润的石壁、苔藓层中，常与灌木相结合，或生长于林缘、草丛、有山泉的地方，也可生长于海拔100～3200 m的常绿阔叶林下。耐阴性强，忌强光直射，稍耐寒，夏季高温干旱时叶片容易枯黄。

3. 生长分布区域

白及主要分布在华东、中南、西南及甘肃、陕西等地，是贵州、四川、湖南、湖北、安徽、河南、浙江、陕西等地道地药材。广西白及主要分布在凌云、贺州、兴安、全州、资源等地的山区，丘陵和高山地区的山坡草丛、疏林及山谷阴湿处或沟谷岩石缝中。

三、栽培技术

1. 品种选定

以当前我国白及的种植现状而言，除少量小白及和黄花白及外，大部分白及种植地区的种源均与3个群落有关，即安徽、江西和贵州。而中国药典比较认可的是出于安徽、江西和贵州的三叉大白及。因此，应尽量选择此类品种种植。

2. 选地、整地和施肥

选择阴山缓坡或山谷平地，疏松肥沃的沙质壤土和透气、透水腐殖质含量高的壤土，温暖稍湿，排水良好的环境作为种植地。白及不耐寒，气温在9℃以下进入休眠期，0℃以下或者遭遇严重的霜害冻害，块茎极易被冻伤或者冻死。通透性差的土壤，可通过秸秆还田和增施有机肥等来改良土壤。山地栽种时，宜选阴坡生荒地栽植。种植前将土深耕20 cm并施厩肥和堆肥，每亩施农家肥1000 kg，或撒施三元复合肥50 kg。再翻地使土料拌匀。栽植前浅耕1次，整细耙平，作1.3～1.5 m高畦。

3. 栽培方式

白及的繁殖主要有种子繁殖、分株繁殖和组培繁殖3种方式。

（1）种子繁殖

白及有大量种子，其种子有以下3个特点：一是种子细小、寿命短；二是种子发育不全，没有营养储备，萌发条件苛刻；三是种子发芽后幼苗期较长，对环境敏感。因此，在自然条件下白及种子繁殖目前还是一个难题，很少采用这种繁殖方式。

（2）分株繁殖

分株繁殖的种苗，通常在每年的9～11月白及收获时选择无破损、无病害、芽眼多、大小中等的鳞茎，分切成大小均匀，且每块有1～2个芽的小块，要求切面平滑，表皮和隐芽无损伤，将切口沾上草木灰和多菌灵混合物进行灭菌、晾干后栽种。每年的2～3月种植，按株行距15 cm×20 cm开穴，穴深5～10 cm，每穴放2～3块分株，使其芽向上。栽种后保持潮湿，可淋稀的液体有机肥。

（3）组织培养

以白及蒴果为外植体，当蒴果外表刚转为褐色达到成熟且未裂开时，带入实验室用洗衣粉清洗干净，再用0.1% HgCl进行消毒20～25分钟，无菌水冲洗6～8分钟，随后将灭菌后的果荚切开，将种子均匀撒在1/2 MS+6-BA 1.5 mg/L+NAA 0.4 mg/L，外加葡萄糖30 g/L、琼脂7.5 g/L、香蕉1.0 g/L，pH值5.5～5.8的培养基上培养，70天后得到白及小苗。将上述小苗转接到上述培养基中进行继代培养，100天左右发育成1.0～1.5 cm的小苗，每隔40～50天继代培养1次，得到丛生苗。

当丛生苗高于3 cm后转至MS+NAA 1.5 mg/L+IBA 0.4 mg/L，外加葡萄糖30 g/L、琼脂7.5 g/L、香蕉120 g/L、苹果25 g/L、胡萝卜25 g/L，pH值5.5～5.8，温度26℃的培养基进行生根培养，幼苗长至5～8 cm，根长4～6 cm即可出瓶炼苗。

图7-2　白及移栽1

图7-3 白及移栽2

4. 田间管理

（1）中耕除草

白及的田间除草要求较严格，种植后喷洒乙酰胺封闭，并覆盖一层稻草或松毛，待白及出苗整齐后进行第一次除草；5～6月为白及生长旺盛期，杂草生长较快，进行第二次除草，除草时需除尽杂草，避免草荒；第三次是在白及停止生长后的8～9月及时除草，防止杂草丛生；第四次结合收获间作的作物浅锄畦面，铲除杂草。每次中耕都要浅锄，避免伤芽伤根。

（2）追肥

白及喜肥，在种植时施足基肥，每亩施生物有机肥800～1000 kg，磷肥30～50 kg。由于白及生长缓慢，多采用薄肥勤施的方法。在每年的春、秋两季，是白及生长比较旺盛的时候，施肥间隔要缩短，春季土壤施肥间隔15天1次，叶面施肥15～20天1次，可两种肥交叉施用，即每月施3～4次肥，每次间隔10天。夏、冬季则延长施肥间隔或不施。

①土壤施肥。在3～4月齐苗后，每亩施硫酸铵4～5 kg，兑腐熟清淡粪水施用；6～7月生长旺盛期，结合除草，每亩施尿素10 kg、过磷酸钙30～40 kg、硫酸钾10 kg、腐熟肥50 kg，在白及行间挖深坑施肥，施肥后淋稀粪水；8～9月，每亩施腐熟人畜粪水拌土杂肥2000～2500 kg。第二至第四年施肥：2月底至3月初，每亩施腐熟肥50 kg、复合肥40 kg，在白及行间挖深穴

施肥，施肥后淋稀粪水。7月下旬，每亩施腐熟肥50 kg、复合肥50 kg。

②叶面肥。可用99%磷酸二氢钾2000倍稀释液喷施叶面，或花宝叶面肥1000倍稀释液喷施叶片正反面至稍滴水为止。

（3）灌溉和排水

白及喜阴，经常保持湿润，灌溉量和灌溉次数及时间可根据白及的需水特性，如生育阶段、气候、土壤湿度，要适时、适量、合理灌溉，过涝、过旱均不利于白及生长，要保持土壤湿润状态。过涝时，雨后要及时疏沟排除多余的积水，避免烂根。如遇气温高、空气湿度小时，中午绝对不可浇水，否则会引起心叶死亡。旱季每天早晚各浇水1次，湿润土壤达到3 cm深度即可，注意观察白及土壤中（表层土下3～4 cm的深度）的水分，同时注意控水，土壤水分过多会引起烂根、整株死亡。气温低时只需在早上浇水，时间要短，雨季不浇水。7～9月早晚各浇1次水。

四、主要病虫害及防治技术

积极贯彻"预防为主，综合防治"的方针。针对白及栽培种植中出现的病虫害防治，首先采用农业防治方法，选用和培育健壮无病害、无虫害的种子、种苗，保持田间栽培环境的清洁，及时翻耕土地，尽可能杀死土壤中的有害虫蛹；春秋季节，及时剪除纤弱枝、虫枝和病枝，集中烧毁或者深埋病害、残弱的枯枝落叶；及时清除田间杂草，扦插育苗地最好采用地膜覆盖，田间栽培基地可以采用秸秆、稻草或园艺地布覆盖技术抑制杂草生长，通常在杂草出苗期和杂草种子成熟期前，选在晴天进行中耕除草。其次是采用物理防治方法，害虫成虫的发生期，推荐使用诱虫灯、杀虫灯等在虫害发生期间的晚上7时至翌日6时开灯诱杀地老虎、细胸金针虫、螨、蜗牛、蝼蛄、菜蚜等害虫的成虫。若采用化学防治方法，应选择高效、低毒、低残留的农药，用药次数和用量应符合《农药合理使用准则》（GB/T 8321所有部分）、《绿色食品　农药使用准则》（NY/T 393—2020）绿色食品的农药使用要求，严禁使用剧毒、高毒、高残留或具有三致毒性（致癌、致畸、致突变）的农药。

1. 主要病害及防治

（1）腐烂病

①为害特征：该病主要由丝核菌属真菌引起的，受害植株的茎呈水渍状腐烂，最嫩的根部变黑，地上部分茎叶变褐色有长形枯斑，严重的全叶褐变枯死。

②发病时期：5月下旬至9月上旬为该病的多发期。

③防治方法：多施有机肥和磷钾肥，加强排水。发病初期用50%退菌特可湿性粉剂500倍稀释液灌根，或50%多菌灵可湿性粉剂500倍稀释液、70%甲基托布津湿性粉剂1000倍稀释液、50%异菌脲悬浮剂800～1000倍稀释液喷施，每3天喷洒1次，连续喷施2～3次，注意药剂轮换使用。

图7-4　腐烂病

（2）炭疽病

①为害特征：叶片边缘呈紫褐色或暗褐色近圆形，上中部呈灰白色或淡褐色病斑，严重时叶片大半枯黑。

②发病时期：湿度大、多雨、闷热天气最容易发生。

③防治方法：用70%甲基托布津可湿性粉剂1000倍稀释液、70%代森锰锌可湿性粉剂1000倍稀释液、50%腐霉利可湿性粉剂1000～1500倍稀释液进行预防，每隔10天喷施1次，连续喷施2～3次。

（3）叶斑病

①为害特征：病菌以菌丝体或分生孢子盘在枯枝或土壤中越冬，孢子借风、雨或昆虫传播、扩大再侵染，发病时病菌主要为害白及的叶片和根部。

②发病时期：多发生在多雨季节，5月中下旬开始侵染发病，7～9月为发病盛期。

③防治方法：25% 溴菌腈乳油 1500 倍稀释液 +25% 吡唑醚菌酯悬浮剂 1500 倍稀释液或 25% 嘧菌酯悬浮剂 1500 倍稀释液 + 嘉美金点 1000 倍稀释液喷施。

图 7-5　叶斑病

2. 主要虫害及防治

白及的虫害主要为地下害虫，地下害虫是白及的大敌，食害假鳞茎、幼芽、根茎，造成缺苗死苗。可采用农业防治如做好农田基建，深翻改土，消灭虫源滋生地，创造不利地下害虫发生的环境；地下害虫对芝麻、油菜、麻类等直根系作物不喜取食，因此合理轮作可以明显减轻地下害虫为害；深耕翻犁，可以将生活在土壤表层的地下害虫翻到深层，将生活在深层的翻到地面，暴晒、鸟雀啄食等一般可消灭蛴螬、金针虫；合理施肥、适时灌溉，增强植株抵御病虫害的能力。

（1）蛴螬

①为害特征：金龟子的幼虫，取食作物的幼根、茎的地下部分，常将根部咬伤或咬断，为害特点是断口比较整齐，使幼苗枯萎死亡。

②发病时期：5 月中旬至 7 月中、下旬为成虫盛发期。产卵盛期在 6 月上旬至 7 月上旬，末期在 9 月下旬。孵化盛期为 6 月下旬至 8 月中旬。

③防治方法：用 90% 敌百虫原药晶体 1000 倍稀释液或 45% 辛硫磷乳油 1000 ～ 1500 倍稀释液灌根。

图 7-6　蛴螬

（2）蝼蛄

①为害特征：在地下咬食刚播下的种子或发芽的种子，并取食嫩茎、根，为害特点是咬成乱麻状，同时蝼蛄在地表层活动，形成隧道，使幼苗根与土壤分离，造成幼苗凋枯死亡。

②发病时期：5月上旬至6月中旬是蝼蛄第一次为害高峰期；9月是第二次为害高峰期。

③防治方法：a.播种前，使用50%辛硫磷乳油，按照种子重量的0.1% ～ 0.2%拌种，大约24小时后播种。b.使用毒饵诱杀。常用敌百虫毒饵，先将麦麸、豆饼、秕谷、

图 7-7　蝼蛄

棉籽饼或玉米碎粒等炒香，按饵料重量0.5% ～ 1%的比例加入90%晶体敌百虫制成毒饵：将90%晶体敌百虫用少量温水溶解，倒入饵料中拌匀，再根据饵料干湿程度加适量水，拌至用手一抓稍出水即成。每亩施毒饵1.5 ～ 2.5 kg，于傍晚时撒在已出苗的菜地或苗床的表土上，或随播种、移栽定植时撒于播种沟或定植穴内。制成的毒饵限当日撒施。c.土壤处理、灌溉药液。当菜田蝼蛄为害严重时，

每亩用3%辛硫磷颗粒剂1.5～2 kg，兑细土15～30 kg混匀撒于地表，在耕耙或栽植前沟施毒土。若苗床受害严重时，用80%敌敌畏乳油30倍稀释液灌洞灭虫。

（3）蚜虫

①为害特征：主要吸食白及茎叶，使叶片变黄或枯焦脱落。

②发病时期：在立夏前后。

③防治方法：若是发芽初期出现蚜虫，可将此发芽的枝干剪掉一部分；或用10%的吡虫啉可湿性粉剂2000倍稀释液、1.8%阿维菌素3000倍稀释液、50%抗蚜威可湿性粉剂2500倍稀释液等喷施，主要药剂轮流使用，避免产生药害。

图7-8　蚜虫

（4）小地老虎

①为害特征：幼虫咬食植株嫩芽和幼苗，影响植株生长。

②发病时期：3～4月和8～10月为高发期。

③防治方法：可用90%晶体敌百虫制成毒饵诱杀幼虫，也可用1.1%阿维高氯乳油或20%氰戊菊酯乳油2000～4000倍稀释液喷施，还可用毒辛颗粒剂撒施或5%高效氯氟氰菊酯800倍稀释液喷施。

图7-9　小地老虎

五、采收贮藏技术

1. 采收

白及种植 3～4 年后，9～10 月地上茎叶枯黄时进行采收，去掉块茎上的泥土后加工，否则块茎会变黑。

2. 加工

将块茎单个摘下，剪掉茎秆，在清水中浸泡 1 小时后，洗净泥土，去除粗皮，置沸水中煮 5～10 分钟，至块茎内无白心时取出冷却，去掉须根，用手揉搓或装入麻袋连同麻袋一同揉搓，数量多可装入缸里用脚踩，去净皮衣，晒干或烘干。在未干前，每次晒（烘）后都要揉搓 1 次，一般未干前要揉搓 4～6 次。注意揉搓时勿用力太猛，避免将白及角弄断。待表皮干硬后，去净粗皮及须根，筛去杂质，即成白及鲜干块茎，也可将鲜块茎直接切片晒干包装。加工后的白及光滑洁白如玉，无皱无裂。

图 7-10　白及药材

3. 贮存

白及贮存仓库应清洁无异味，远离有毒、有异味、有污染的物品；通风、干燥、避光、配除湿装置，并具防虫、鼠、畜禽的措施。产品应存放在货架上，与墙壁保持足够的距离，不应有虫蛀、霉变、腐烂等现象发生，定期检查，发现变质，应当剔除。

六、规格标准和药材质量标准

1. 规格标准

白及规格标准参考《中药材商品规格等级 白及》T/CACM 1021.97—2018。

（1）白及规格（白及药材在流通过程中用于区分不同交易品类的依据）：根据市场流通情况，对药材规格进行等级划分，将白及分为选货和统货两个规格。

（2）白及等级（在白及药材各规格下，用于区分白及品质的交易品种的依据）：根据每千克所含个数，将白及选货规格分为一等和二等两个等级。

选货中一等和二等的性状共同点：呈不规则扁圆形，多有 2 ～ 3 个爪状分枝，长 1.5 ～ 5 cm，厚 0.5 ～ 1.5 cm。表面灰白色或黄白色，有数圈同心环节和棕色点状须根痕，上面有突起的茎痕，下面有连接另一块茎的痕迹。质坚硬，不易折断，断面类白色，角质样。气微，味苦，嚼之有黏性。

区别点：一等每千克≤ 200 个，二等每千克＞ 200 个。

统货性状：呈不规则扁圆形，多有 2 ～ 3 个爪状分枝，长 1.5 ～ 5 cm，厚 0.5 ～ 1.5 cm。不分大小。表面灰白色或黄白色，有数圈同心环节和棕色点状须根痕，上面有突起的茎痕，下面有连接另一块茎的痕迹。质坚硬，不易折断，断面类白色，角质样。气微，味苦，嚼之有黏性。

2. 药材质量标准

《中国药典》（2020 年版，一部）规定，药材白及水分不得超过 15.0%，总灰分不得超过 5.0%，二氧化硫残留量不得超过 400 mg/kg。该品按干燥品计算，含 1，4- 二 [4-（葡萄糖氧）苄基]-2- 异丁基苹果酸酯（$C_{34}H_{46}O_{17}$）不得少于 2.0%。

第八章 金槐

金槐（*Sophora japonica* L. cv. jinhuai）为豆科槐树（*Sophora japonica* L.）中培育出的优良槐树栽培品种，因其产出的槐米颜色金黄，故得名为金槐，夏花开放或花蕾形成时采收，前者习称"槐花"，后者习称"槐米"。金槐是一种落叶乔木，成年树可以长至 10～25 m。槐树是个广布种，在全国均有分布，别称有细叶槐、金药树、豆槐。槐的应用始载于《神农本草经》，将槐实列为上品。

一、基原种、药用部位和药用价值

1. 基原种
金槐为豆科植物槐的一个优良栽培品种。

2. 药用部位
《日华子本草》首载槐花入药，《本草纲目》中首次对槐米进行了药材性状的描述，槐树除槐花、槐米可入药外，槐实、槐胶、根皮及枝叶亦可入药。槐花（Sophorae Flos）和槐米（Flos Sophorae Immaturus）均可作为药材使用，并且两者的功效相同，因此统称为槐花米，其富含芦丁和槲皮素，为《中国药典》历版所收载的中药品种。

3. 药用价值
根据《中国药典》（2020年版，一部）记载，槐花具有凉血止血、清肝泻火的功效，可用于治疗头痛眩晕、崩漏、痔血、肝热目赤、血痢、便血、吐血、鼻出血等。槐米作为广西"十珍"特色药材，被广泛应

图 8-1　金槐植株

用于医药、保健食品和化妆品中。

二、生物学特征、生长特性和分布区域

1. 植物学特征

金槐为实生树，具有高大的树形，常生长于村、屯、寨周边，通过嫁接来矮化。树高 4～6 m，树冠伞状形，分枝多，整叶为羽状复叶，叶基膨大，叶轴表面有毛，小叶为卵状长圆形且叶端锐尖或渐尖而被细毛，基部阔楔形，被短柔毛。圆锥花序顶生，有花数朵，两性花，蝶形和萼钟形；花冠黄白色，外被细短柔毛；花期 7～8 月。肉质荚果，果熟期 11～12 月，果熟后不开裂。

2. 生长发育习性

金槐可耐低温，0℃以下仍能安全越冬；不耐阴湿，不能长期生长于低洼积水处，否则易烂根而致植株死亡；耐旱，可生长于缺水山区。实生型树种的主根扎根较深，移植嫁接型树种则侧根发达，在较为恶劣的环境中也能生长，如瘠薄地、盐碱地和石灰岩含量较高的土壤，甚至土石混杂地，但在湿润、肥厚、排水优良的沙质壤土则生长更加旺盛。金槐一般在 3 月中、下旬开始发芽长新叶，若供水充足、肥料充分，一年可以抽梢达 3 次，早熟品种在 6 月上旬就可开花。

3. 生长分布区域

金槐的主要分布区域为广西桂林的全州县、兴安县、阳朔县以及与广西桂林交界的湘南地区，其原产地和主产区是桂林全州县。全州县金槐的种植面积最大，并且具有较为成熟的栽培技术，县域内庙头镇、永岁乡、枧塘乡等地的栽培规模较大。

三、栽培技术

1. 品种选定

金槐品种按不同成熟期分为早熟、中熟和晚熟 3 个品种，如金槐桂 G9-1（cv. jinhuai G9-1）6 月底至 7 月初成熟，金槐桂 G9-2（cv.jinhuai G9-2）7 月中旬至 7 月下旬成熟，金槐桂 G9-3（cv.jinhuai G9-3）7 月底至 8 月初成熟。

目前市场上流通的早熟和晚熟两个品种较少，绝大部分为中熟品种，占有量达 95% 以上，因为中熟品种具有芦丁含量高、抗逆性强、适应区域广和产量稳定等诸多优点。

2. 选地、整地和施肥

金槐的适应性较强，在贫瘠、干旱的地方都能生长，但在土壤肥沃、排水良

好的沙壤土或壤土中生长更佳。因此金槐栽培地应选择土壤肥厚、排水良好、土地疏松的平地或缓坡地。若是前茬种植过蔬菜、瓜果类的地块最为合适，也可以选择新垦地块，但低洼地不可选用，易造成植株烂根。

金槐种植前需对园区地块进行平整，特别是在地形和坡度都起伏较大的地方上建园的。如园地坡度大小超过25°，就要以修筑梯田的方式减小坡度，且定好等高线。定植前还需对园区地块进行深耕，深度一般是 30 ～ 40 cm。栽植规格为 4 m × 3 m，一般密度为 55 株 / 亩。

定植前要挖好定植穴并施肥，挖穴后的底土要进行熟化再回填。定植穴规格为长 80 cm、宽 80 cm、深 50 cm，每穴施用与表土混匀的有机肥 15 ～ 25 kg、磷肥 1 kg 和尿素 0.2 kg，施用深度离地面 20 ～ 30 cm。若立即栽种，有机肥必须腐熟。

3. 栽培方式

（1）播种繁殖

金槐生产上采用播种繁殖的方法，主要选择生长优良的成年实生树的成熟果实，将豆荚晒干后选取饱满、无虫害且粒径 > 6 mm 的种子，因为粒径 < 6 mm 的种子出苗率较低。播种时间为 3 ～ 4 月，选择肥沃熟土进行播种，播种深度为 1 ～ 3 cm，每亩播种 6 kg，株行距为 20 cm × 10 cm，播种后应进行小拱棚地膜覆盖，同时做好水肥管理及病虫害防治，10 ～ 15 天则开始发芽出土；翌年春季进行移栽，此时苗高约 2 m，苗根径大于 0.8 cm，每亩种植约 50 株。

（2）扦插繁殖

金槐苗扦插宜选择一年生枝条，所选枝条需为已结槐米的嫁接树，并且槐米芦丁含量高、产量稳定、抗性强。插床地需选择沙壤土且有大棚遮阳。扦插时间为 3 月，扦插方法为将截成 15 cm 左右的枝条在水里浸泡 30 小时，然后在根部蘸取生根水，再按株行距 20 cm × 10 cm 扦插到苗床上，扦插后进行小拱棚地膜覆盖，将温度和湿度分别保持在 30℃ 和 80% 左右，若光照过强，需要用遮阳网覆盖。同时，在扦插的前期需注意补充水分，后期则需注意水肥管理，在扦插枝条的顶部有嫩芽出现后进行移栽。

（3）嫁接繁殖

金槐嫁接时间为 2 ～ 3 月或 10 ～ 11 月，接穗选择成年高产嫁接树上的健壮无病虫害的饱满芽，嫁接方式主要为切接。将接穗嫁接到实生苗上，在离地面 5 ～ 10 cm 处将砧木切断后，再在断面边缘纵切一刀，显露出长为 1.5 ～ 2.5 cm 的木质部；将只有 1 个芽的接穗下端削出长削面和短削面，用嫁接刀将砧木切口撬开，然后插入接穗，确保砧木、接穗的形成层对齐，最后用塑料条将切口绑好，并把接穗的顶部伤口密封，每株嫁接一个芽，嫁接后应适时解绑。嫁接一般在5月上中旬进行，确保砧木与接穗接口良好，保证生长健壮。同时，在整个生长季节中，为确保接穗健壮生长，要及时除去砧木上发出来的萌芽。在4月底或5月初后，嫁接后的枝条生长旺盛，要及时用木棍进行立杆缚梢，避免嫁接的枝条被大风从接口处吹断。5月中旬左右要对新长出的枝梢进行摘心。

图 8-2　金槐移栽

4. 田间管理

（1）苗期

①间苗：当幼苗出全后，需要间苗 2 ～ 3 次，保持株距在 10 ～ 15 cm。

②除草浇水：在金槐的幼苗期要经常除草和松土；移栽后也要适时浇水及清除杂草。

③施肥：幼苗期要及时施肥，可在 5 ～ 6 月施适量的硫酸铵或农家肥；移栽定植后及时补施有机肥或氮肥。

（2）幼树期

①除草浇水：金槐幼树期每年都需中耕除草，次数以 3 ～ 5 次为宜，中耕深度为 5 ～ 10 cm。金槐生长期需要大量水分，要及时补充水分，在汛期则要及时进行排水，避免出现积水。

②施肥：金槐幼年树的施肥分为生长期施肥和冬季扩坑施肥。生长期第一年主要以施稀水肥（腐熟的农家肥、沼气水、化肥水）为主，施肥时间为 5 月、7 月、9 月，施用方法为在树盘开环状沟将稀水肥沿沟淋下去，然后用土进行覆盖。第二年施肥 3 次，第一次施长叶肥（尿素 0.1 ～ 0.3 kg、磷肥 0.1 kg），氮肥为主，磷肥为辅，施肥时间为 4 月上中旬；第二次施壮梢肥（氯化钾或硫酸钾 0.1 ～ 0.3 kg、复合肥 0.1 ～ 0.3 kg），磷钾肥为主，氮肥为辅，施肥时为

5月上中旬；第三次施增粗肥（复合肥0.1～0.3 kg），氮、磷、钾配合施用，施肥时间为8月上中旬。冬季扩坑施肥主要以迟效性的猪粪、麸肥、磷肥、沤肥为主（农家肥20～30 kg、菜麸5～10 kg、磷肥0.5～1.0 kg），施用时间为金槐落叶后，施用方法为开对面沟或开条沟，扩坑沟要与原来坑的长度和深度一致，沟的宽度一般是40～60 cm，也可以采用对边扩沟，第二年换方向再对边扩沟的方式。

③整形：金槐落叶后要对树形进行修剪。第一年主要确定主干的高度，一般是50～100 cm，留3～4个30～50 cm长的主枝。第二年主要确定副主枝，每个主枝留2个30～50 cm长的副主枝。在之后的修剪中，每次确保枝条长度为20～40 cm。连续3年整形，就可以确定树形。在5月上中旬对金槐进行摘心，可以促进二次生长抽梢，增加枝叶数量。

（3）成年树

①除草浇水：金槐的间种要在结槐米期停止，同时要及时进行中耕除草，中耕时间为4～8月，中耕深度为6～10 cm。

②施肥：全年需扩坑重施基肥1次，追肥2～3次，追肥时间主要为3～5月或3～6月及采收槐米后，以施用复合肥为主。施肥量与树的大小有关，树龄10年生以下施0.2～1.0 kg，树龄10年生以上施1 kg以上。

③整形：结槐米的金槐树修剪在幼年树的整形基础上进行，主要以修剪为主，整形为辅。修剪分为冬季修剪和夏季修剪，冬季修剪时间主要在休眠期进行，广西则在落叶后的1月进行最佳。对外围生长较旺的一年生枝在20～50 cm处重短截，促进抽梢，形成当年结槐米枝；另外留一枝相对生长稍弱的一年生枝进行短截，作为营养枝，成为来年的结槐米母枝。同时还要注意剪去细弱枝、徒长枝、重叠枝、病虫枝及枯枝。夏季修剪在金槐生长期进行，主要进行抹芽、除萌、剪除病虫枝等，在木质化前及时除去主干及主枝上萌发的枝条。

四、主要病虫害及防治技术

1. 主要病害及防治

（1）槐溃疡病

①为害特征：主要为害树干和主枝，是由镰刀菌和小穴壳菌病原2种病原菌引起的，可造成树皮纵裂，枝干枯死。

②发病时期：春季3～4月开始发病，5月病斑上出现橘红色分生孢子堆。

③防治方法：以预防为主，在发病初期，可采用50%甲基硫菌灵可湿性粉

剂 800 倍稀释液与 75% 百菌清可湿性粉剂 800 倍稀释液结合，或采用 50% 多菌灵可湿性粉剂 800 倍稀释液与 75% 百菌清可湿性粉剂 800 倍稀释液相结合进行喷施，每隔 5 ～ 7 天喷 1 次，连喷 2 ～ 3 次。患病严重的树木可以采取消毒的方式，对患病枝干刮去病斑后在刮皮处用 50% 多菌灵可湿性粉剂或 70% 甲基托布津可湿性粉剂 500 倍稀释液均匀涂抹在病部。

图 8-3　溃疡病

（2）白粉病

①为害特征：白粉病是槐树的重要病害，各种植区广泛发生，造成不同程度的损失，其主要发生在叶片两面，腹面多于背面，叶片两面初现白色稀疏的粉斑，后不断增多，常融合成片，似绒毛状，严重的布满全叶，后期常出现黑色小粒点，即病菌闭囊壳。

②发病时期：5 ～ 6 月和 8 ～ 10 月为发病盛期，以秋后为重。

③防治方法：在发病初现的时候，可以选用 40% 多菌灵胶悬剂 700 倍稀释液、80% 百菌清 800 倍稀释液、64% 杀毒矾可湿性粉剂 500 倍稀释液或 15% 三唑酮可湿性粉剂 1000 倍稀释液等，每隔 7 ～ 10 天喷 1 次，连续施用 3 ～ 4 次。

（3）锈病

①为害特征：对叶片为害严重，发病叶片上可出现黄褐色圆形斑及凸起，后期变成灰褐色，该病可导致槐叶片黄化、脱落。

②发病时期：病菌在 4 月下旬产生大量夏孢子，通过气流传播，进行重复侵染，蔓延扩大。

③防治方法：发病初期可用 1 ： 1 ： 2000（硫酸铜：生石灰：水）波尔多液，中期可用 25% 萎锈灵可湿性粉剂 200 ～ 400 倍稀释液喷施，遇上雨天应补施。

图 8-4　锈病

2. 主要虫害及防治

（1）国槐尺蠖

①为害特征：国槐尺蠖对金槐为害很大，为害方式主要是以蛹在树木周围的松土中越冬，在长成幼虫及成虫后蚕食树木的叶片，从而导致叶片破损，严重时可将全部叶片吃光。

②发病时期：国槐尺蠖在广西的 3 次为害盛期分别为 5 月中下旬、7 月中旬和 8 月中下旬。

③防治方法：可进行人工采挖蛹，将挖出的虫蛹连同枯枝、落叶一并焚烧，还可以将敌百虫和溴氰菊酯混合后制成毒土，与中耕除草相结合，杀死化蛹前的幼虫；当形成幼虫后，可以在树干上绑草把，诱集下地化蛹的幼虫，然后集中消

灭；还可以喷杀幼虫，主要选用 2.5% 溴氰菊酯乳油 2000 倍稀释液或 90% 晶体敌百虫 1000 倍稀释液等进行喷杀。

图 8-5　国槐尺蠖

（2）锈色粒肩天牛

①为害特征：主要是幼虫钻蛀树木导致的为害，蛀孔处悬挂有天牛幼虫粪便及木屑，被天牛钻蛀后树木长势下降，引起树叶发黄，枝条干枯，更严重的会导致整株死亡。

②发病时期：3 ～ 10 月为幼虫的主要为害时期。

③防治方法：在冬季修剪时可以剪除带虫的枝条，减少虫源。针对天牛幼虫对枝干进行蛀害，可以进行人工捕杀，捕杀时间可以选择在晚上 8:00 时至翌日 2:00；也可用药剂防治，将 2.5% 溴氰菊酯乳油 250 倍稀释液注入蛀孔内，并用泥土将孔塞住，将幼虫杀死。成虫刚从羽化孔钻出时，只能在树干上爬行并

图 8-6　锈色粒肩天牛

且具有群居性，可以进行人工捕捉；在成虫活动盛期，可以采用药剂进行防治，主要喷洒杀灭菊酯 2000 倍稀释液，喷洒时间为每 15 天 1 次，连续喷洒 2 次。

（3）刺槐蚜

①为害特征：主要为害方式为成虫或幼虫聚集在枝条嫩梢、花序及荚果上，吸取汁液，从而导致被害的嫩梢生长不良，萎缩下垂，同时还会导致煤污病的发生。

②发病时期：5 ～ 6 月干旱季节为害最重。

③防治方法：可在秋冬季喷石硫合剂，消灭越冬卵。卵孵化期是蚜虫若虫和无翅胎生蚜的最佳防治虫态，在此期间，采用 3% 苦参素水剂 800 ～ 1000 倍稀释液、3.6% 百草 1 号乳剂、50% 抗蚜威可湿性粉剂 3000 倍稀释液、25% 可溶性粒剂每亩 20 ～ 30 g 和 10% 吡虫啉可湿性粉剂每亩 10 g 喷施，可有效地控制蚜虫；蚜虫发生严重时，可以喷施 40% 氧化乐果 1500 倍稀释液或 2.5% 溴氰菊酯乳油

3000 倍稀释液的方式进行防治。

（4）朱砂叶螨

①为害特征：朱砂叶螨主要对叶背进行为害，被为害的叶片最初只是出现黄白色的小斑点，但后面会扩展到全叶，并且后期产生密集的细丝网，等到严重时，整棵树的叶片会枯黄、脱落。

②发病时期：一年发生多代。

③防治方法：农业防治可铲除田边杂草，清除残株败叶；越冬期用树干束草，诱集越冬螨，翌年春季集中烧毁。药剂防治可用仿生农药 1.8% 农克螨乳油 2000 倍稀释液，效果极好，还可选用 15% 扫螨净可湿性粉剂 2500 ~ 3500 倍稀释液、20% 甲氰菊酯（灭扫利）乳油 3000 倍稀释液喷雾、40% 三氯杀螨醇乳油 1000 ~ 1500 倍稀释液、50% 氯杀螨砜可湿性粉剂 1500 ~ 2000 倍稀释液或 20% 灭扫利乳油 3000 倍稀释液等喷雾防治。

（5）槐花球蚧

①为害特征：以若虫和雌成虫刺吸汁液，常造成细枝枯死，削弱树势，甚至整株死亡。

②发病时期：4 ~ 6 月为为害期。

③防治方法：物理防治可在入冬前结合修剪，剪除蚧虫为害的枯死枝，集中烧毁或深埋，降低翌年虫口密度。药剂防治可在若虫出蛰后和若虫涌散期（在 5 月下旬至 6 月上旬）进行，用 2.2% 甲氨基阿维菌素苯甲酸盐微乳剂 2000 倍稀释液、3% 噻虫啉乳油 2000 倍稀释液或 0.5% 藜芦碱可溶粒剂 2500 倍稀释液等化学药剂交替喷雾防治，每隔 1 周喷 1 次，连续 2 ~ 3 次。

（6）木虱

①为害特征：木虱的为害方式主要是以群聚刺吸寄主的叶片、嫩芽和槐米，从而导致寄主叶片变色、皱缩或卷叶、嫩梢顶端萎缩以及槐米脱落或不能展开；严重时枝梢、嫩芽及槐米穗上均布满黏性分泌物，并且树体及树冠下的地面上均黏附有白色颗粒状排泄物，最终导致树木干枯死亡。

②发病时期：6 ~ 7 月中旬成虫盛期，3 ~ 10 月幼虫活动期。

③防治方法：可人工捕杀成虫，人工查卵、杀卵。在 3 ~ 10 月幼虫活动期，对树干高压喷施 50% 甲胺磷或

图 8-7 木虱

40% 久效磷原液，每树 10 ～ 30 mL，一年喷施 2 次，可以基本控制虫害。还可以选用乙磷铝毒签插入蛀孔内毒杀幼虫。在 6 ～ 7 月中旬成虫盛期，可在树冠上喷洒杀灭菊酯 2000 倍稀释液，每 15 天喷 1 次，连续 2 次。在金槐花蕾膨大前采用 2.5% 敌杀死 1000 ～ 1500 倍液、50% 对硫磷 1000 ～ 1500 倍液或桃小灵乳油 1000 ～ 1500 倍液喷雾，能够有效杀灭木虱达到保花效果。

五、采收贮藏技术

1. 采收

槐米的采收与时间密切相关，采收时间不同，其开放程度不同，也会造成产量与质量不同，若采收过早，则产量会下降；若采收过晚，则会影响槐米的质量，经济效益降低。金槐槐米的最佳采收期为 7 ～ 8 月，此时为花蕾形成期。要把握好时间，不要过早或过晚采收，否则采收的花蕾细小或已开花，都会导致有效成分含量明显降低。在槐米（槐穗花蓓蕾）转黄接近绽开 5% ～ 10% 时就可以开始陆续采摘，部分顶端出现花舌时将整条侧枝的槐米采收，采摘过程做到先熟先摘，后熟后摘，并且根据天气进行抢摘。

2. 加工

关于新鲜槐米的加工，现今产区种植户一般沿用传统的蒸后晒干（晾干）去杂（枝梗）方法，干燥后槐米的外观呈现金黄色泽，并且颗粒饱满。

3. 贮存

包装应使用环保干净、干燥、没有损坏并且能防潮的包装材料，包装外应有标签，且标签注明品名、包装日期、数量、包装重量、规格、产地、注意事项等。

包装好后应及时贮存在通风干燥处，同时要控制好温度和湿度，还要防止日晒雨淋及虫害、鼠害或有毒有害物质的污染。

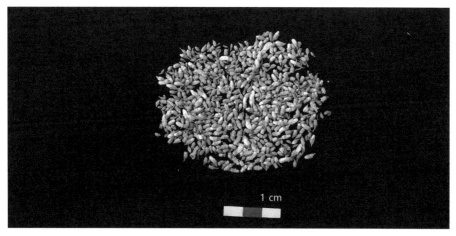

图 8-8 槐花药材

六、规格标准和药材质量标准

1. 规格标准

槐花规格标准参考《中药材商品规格等级 槐花》T/CACM 1021.212—2018。

（1）槐花规格（槐花药材在流通过程中用于区分不同交易品类的依据）：根据市场流通情况，对药材规格进行等级划分，将槐花分为槐米和槐花两个规格，均为统货。

①槐米：呈卵形或椭圆形，长 2～6 mm，直径约 2 mm。花萼下部有数条纵纹。萼的上方为黄白色未开放的花瓣。花梗细小。体轻，手捻即碎。气微，味微苦涩。

②槐花：皱缩而卷曲，花瓣多散落。完整者花萼钟状，黄绿色，先端 5 浅裂；花瓣 5，黄色或黄白色，1 片较大，近圆形，先端微凹，其余 4 片长圆形。雄蕊 10，其中 9 个基部连合，花丝细长。雌蕊圆柱形，弯曲。体轻。气微，味微苦。

（2）槐花等级（在槐花药材各规格下，用于区分槐花不同交易品种的依据）：根据药材市场流通情况，槐米和槐花不再另分等级。

2. 药材质量标准

《中国药典》（2020 年版，一部）规定，药材槐花和槐米水分不得超过 11.0%；槐花总灰分不得超过 14.0%，槐米不得超过 9.0%；槐花酸不溶性灰分不得超过 8.0%，槐米不得超过 3.0%；槐花浸出物不得少于 37.0%，槐米不得少于 43.0%。该品按干燥品计算，含总黄酮槐花不得少于 8.0%，槐米不得少于 20.0%；含芦丁（$C_{27}H_3O_{16}$）槐花不得少于 6.0%，槐米不得少于 15.0%。

第九章　黄精

　　黄精（*Polygonatum sibiricum* Red.）为百合科黄精属植物，别名为黄鸡菜，是广西中药材壮瑶药材重点发展品种。始载于《名医别录》，别名为仙人余粮、救命草、老虎姜、土灵芝等，汉朝的《神农本草经》，明朝的《本草纲目》和清朝的《青阳县志》均有其作为药膳食补的记载，体现其药食两用性。黄精生于林下、灌丛或山坡阴处，海拔 800～2800 m。主要分布于黑龙江、吉林、辽宁、河北、山西、陕西、内蒙古、宁夏、甘肃、河南、山东、安徽、浙江、广西等地。

图 9-1　黄精植株

一、基原种、药用部位和药用价值

1. 基原种

根据《中国药典》（2020 年版，一部）的规定，目前药用黄精的基原种主要有 3 个，即百合科黄精属植物黄精（*Polygonatum sibiricum* Red.）、滇黄精（*P. kingianum* Coll. et Hemsl.）和多花黄精（*P. cyrtonema* Hua）。

2. 药用部位

中药黄精为百合科植物滇黄精、黄精或多花黄精的干燥根茎，按形状不同，习称大黄精、鸡头黄精和姜形黄精。热河黄精（*P. macropodum* Turcz.）和卷叶黄精［*P. cirrhifolium*（Wall.）Royle］亦做黄精入药。中药黄精中主要含有多糖、甾体皂苷、黄酮、蒽醌类化合物、氨基酸等活性成分。

大黄精呈肥厚肉质的结节块状，结节长可达 10 cm 以上，宽 3～6 cm，厚 2～3 cm。表面淡黄色至黄棕色，具环节，有皱纹及须根痕，结节上侧茎痕呈圆盘状，圆周凹入，中部突出。质硬而韧，不易折断，断面角质，淡黄色至黄棕色。气微，味甜，嚼之有黏性。

鸡头黄精呈结节状弯柱形，长 3～10 cm，直径 0.5～1.5 cm。结节长 2～4 cm，略呈圆锥形，常有分枝。表面黄白色或灰黄色，半透明，有纵皱纹，茎痕圆形，直径 5～8 mm。

姜形黄精呈长条结节块状，长短不等，常数个块状结节相连。表面粗糙，灰黄色或黄褐色，结节上侧有突出的圆盘形茎痕，直径 0.8～1.5 cm。

3. 药用价值

黄精作为一种传统名贵中药，具有宽中益气、益肾填精、滋阴润肺、生津补脾的功效。对治疗心血管疾病、结核病、慢性肝炎、糖尿病以及在抗菌、解毒、抗疲劳、抗衰老等方面均有较好作用。现代研究表明，其化学成分主要有黄精多糖、甾体皂苷、蒽醌类化合物、生物碱、强心苷、木脂素、维生素和多种对人体有用的氨基酸等化合物。这些成分赋予黄精各种药理作用，如黄精的多糖成分的主要作用：①具有免疫激发和免疫促进作用，能增强免疫功能；②具有抗辐射、抗肿瘤的作用；③能够促进蛋白质的合成，减少细胞内代谢废物的含量，抗自由基的损伤等，因而具有延缓衰老作用；④具有降血糖、降血脂的作用；⑤具有改善脑功能，提高学习、记忆能力的作用；⑥黄精的多糖提取物也具有较强的抗病毒活性。卷叶黄精根、茎、叶中均含有三萜皂苷、甾体皂苷、黄酮类、蒽醌及其苷、香豆素类、糖、有机酸、挥发油、油脂、高级脂肪酸和黏液质化合物。此外，根中还含有蛋白质、氨基酸、多元酚类，茎和叶中含有内酯类化合物。

二、生物学特征、生长特性和分布区域

1. 植物学特征

黄精，百合科，多年生草本植物。地下具横生根茎，节明显，肉质肥大。茎直立不分枝，光滑无毛，高 50～90 cm，人工栽植的高可达 2 m 以上。叶通常 3～7 片轮生，线状披针形，先端卷曲而缠绕他物，无柄，叶腋内无叶芽。5 月末完成茎的生长，顶部无芽。花期 5～6 月，花序常具 2～4 朵花，呈伞形状，花乳白色至淡黄色，钟状，下垂；苞片膜质，位于花梗基部；花被裂片 6 枚。长约 4 mm；雄蕊 6 枚，花丝着生于花被筒上部，浆果球形，熟时黑色，果期 7～9 月。

2. 生长发育习性

黄精喜阴湿环境，耐寒，幼苗能露地越冬。在排水和保水性能较好、土层较深厚、疏松肥沃、表层水分充足、富含腐殖质的沙质壤土中生长良好，土壤酸碱度适中，一般以中性和偏酸性为宜。黄精最适生长温度为 17～20℃，超过 27℃生长受到抑制，气温超过 32℃地上部分易枯死，根茎失水皱缩干硬。透光率在 65%～70% 为宜，最好是荫蔽之地，上层为透光充足的林缘、灌丛、草丛及林下开阔地带。

一般用根茎繁殖，于晚秋或早春栽植，春季 4 月底出苗，5 月 10 日前后现蕾，5 月下旬开花，6 月上旬开始结果，9 月上中旬果熟，9 月中下旬地上植株枯萎。出苗时，顶芽向上生长形成地上植株，并陆续现蕾、开花、结实。同时，在老根茎先端及两侧形成新的顶芽和侧芽，并不断伸长形成新的根茎段。秋季地上茎叶枯萎，老茎倒落，茎上留下茎痕如鸡眼状。以后各年以同样方式生长，并随年数增加，根茎节数增多，3 年后可形成一个由多节连接而成的头大尾小的串珠状或纵横交叉分枝状的根茎团。

3. 生长分布区域

黄精主产于河北、内蒙古、陕西等地；多花黄精主产于贵州、湖南、云南、安徽、浙江等地；滇黄精主产于贵州、广西、云南等地。

三、栽培技术

1. 品种选定

不同地区栽植的黄精品种不同，主要为滇黄精、黄精和多花黄精，并且按形状的不同，将黄精分为大黄精、鸡头黄精和姜形黄精，应根据不同地区的环境条件种植相对应的品种，广西地区主产滇黄精。

2. 选地、整地和施肥

根据黄精的生长特性选好地块。选择湿润和有充分荫蔽的地块，土壤以质地疏松、保水力好的壤土或沙壤土为宜。播种前先深翻 1 遍，结合整地每亩施农家肥 2000 kg，翻入土中作基肥，然后耙细整平，作畦，畦宽 120 ～ 130 cm，沟宽 90 ～ 100 cm，畦高 10 ～ 20 cm，畦向以早阳、晚阳为宜，避开中午直射光。

生长前期要经常中耕除草，每年于 4 月、6 月、9 月、11 月各进行 1 次，宜浅锄并适当培土；后期拔草即可。若遇干旱或种在较向阳、干旱地方的，要及时浇水。每年结合中耕除草进行追肥。黄精忌水，喜荫蔽，应注意排水和间作玉米。

3. 栽培方式

黄精常规繁殖可采用根茎繁殖（无性繁殖）及种子繁殖（有性繁殖）两种方式进行，目前以根茎繁殖在各地使用较为普遍，种子繁殖很少。

（1）根茎繁殖

选 1 ～ 2 年生健壮、无病虫害的植株，在收获时，将根茎刨出，选择先端幼嫩部分，截成数段，每段带有 2 ～ 3 节，根茎长度 8 ～ 12 cm，伤口稍加晾干收浆后，栽到整好的畦内。春栽以 3 月下旬为宜，亦可在 9 ～ 10 月秋植，如栽植时间推迟，可将小根茎经过 45 ～ 60 天 0 ～ 2℃低温处理后再栽，当年也可出苗，否则当年不发芽。栽时，按行距 20 ～ 27 cm 顺畦面开 6 ～ 8 cm 深沟，将种根芽眼向上，按株距 10 ～ 17 cm 平放在沟内，覆盖拌有草木灰的细土 5 ～ 7 cm，稍加压紧，3 ～ 5 天后浇水 1 次，15 天左右即可出苗。要注意使土壤保持湿润。秋末栽植的，于上冻前盖一些牲畜粪、圈肥或稻草，以保暖越冬，翌年化冻后、出苗前应立即将粪块打碎、耙平或撤掉稻草，保持土壤湿润，以利于出苗。

（2）种子繁殖

室温干藏的种子发芽率低，低温沙藏和冷冻沙藏的种子发芽率高。种子拌湿沙低温或冷冻贮藏，可以防止种子内部失去水分，有利于种胚发育，缩短发芽时间，发芽整齐。室内干燥贮藏的种子，由于种子内部失水而发芽率下降。

选择生长健壮、无病虫害的植株，在 8 月中下旬浆果成熟变黑时采集。先将果实放入塑料袋中密封发酵 8 ～ 10 天，再反复清洗干净后与湿沙混合均匀，存放于背阴处进行湿沙层积处理。其做法是，在背阴向阳处挖深、宽各 30 cm 的坑，长度视种子多少而定；将 1 份种子与 3 份细沙充分混拌均匀，沙的湿度以手握成团，松开即散，指间不滴水为度；然后将混沙种子放入坑内，中央插一草以利通气，顶上用细沙土覆盖，经常检查，保持一定湿润；待翌年 3 月筛出种子进行条播。按行距 12 ～ 15 cm 将催芽种子均匀地播入沟内，覆细土厚 1.5 ～ 2.0 cm，稍压紧，浇透水 1 次，畦面盖草，当气温上升至 18℃时，15 ～ 20 天出苗。出苗后，及时揭去盖草，进行中耕除草和追肥，苗高 7 ～ 10 cm 时间苗，去弱留强，最后按株距 6 ～ 7 cm 定苗，幼苗培育 1 年即可出圃移到大田种植。为了满足黄精的荫蔽需求，可以搭建遮阳网或者合理种植玉米遮阳。

图 9-2　黄精种植

4. 田间管理

（1）中耕除草

黄精植株幼苗期杂草生长速度快，必须及时进行中耕除草，每年于 4 月、6 月、9 月、11 月各进行 1 次，注意除草和松土宜浅不宜深，避免损伤黄精根茎。适时培土，将沟内泡土培于植株根部周围，可以防止根茎吹风、见光，同时也可以加快有机肥腐烂。

（2）合理追肥

追肥结合中耕除草进行，植株生长前期需肥量大，4 ～ 7 月保证植株营养生长阶段有足够的养分。前 3 次施肥，每公顷施入人畜粪水 25000 ～ 30000 kg。第四次重施冬肥，每公顷按照农家肥 1500 ～ 2000 kg、过磷酸钙 500 kg、油枯 800 kg 混匀发酵后施入。

（3）适时排灌

黄精喜湿怕旱，田间要经常保持湿润状态，遇干旱气候应及时浇水，雨季要防止积水及时排涝，以免烂根。

（4）遮阳间作

由于黄精喜阴湿、怕旱、怕热，因此，应进行遮阳。可以采取间作栽培方式，间作以玉米、高粱等高秆作物为好，最好是玉米。每4行黄精种植玉米2行，也可以2行玉米2行黄精或1行玉米2行黄精。间种玉米一定要春播、早播。玉米与黄精的行距约50 cm，远近相宜，太近容易争夺土壤养分，影响黄精产量，太远起不到遮阳作用。

（5）修剪打顶

黄精花多且花期长，会消耗大量的营养成分，对根茎生长造成不良影响，为此要在花蕾形成前及时将花芽摘去，促进养分集中转移到根茎部以提高产量。

四、主要病虫害及防治技术

积极贯彻"预防为主，综合防治"的方针。针对黄精出现的病虫害防治，首先采用农业防治，选用和培育健壮无病、虫的种子、种苗，保持栽培环境的清洁，及时翻犁耕地，尽可能杀死土壤中的越冬虫蛹；在春秋季修剪期间，剪掉虫枝、病枝、纤弱枝，集中烧毁、深埋病残枯枝落叶；及时清除杂草，扦插育苗地宜采用地膜覆盖技术，栽培基地采用秸秆或稻草覆盖技术控制杂草的发生为害，同时在杂草出苗后和在杂草种子成熟前，选晴天及时进行中耕除草。其次采取物理防治，在害虫成虫发生期，推广使用频振式杀虫灯、黑光灯，在虫害发生期间的晚上7时至翌日6时开灯诱杀小地老虎、金龟子类、蝼蛄、褐天牛等害虫的成虫。若采取化学防治，选择高效、低毒、低残留农药配方，用药次数和用量应符合《农药合理使用准则》（GB/T 8321 所有部分）、《绿色食品 农药使用准则》（NY/T 393—2020）绿色食品的农药使用要求，严禁使用剧毒、高毒、高残留或具有三致毒性（致癌、致畸、致突变）的农药。

1. 主要病害及防治

（1）叶斑病

①为害特征：该病是黄精的主要病害，由真菌中半知菌属芽枝霉引起，主要为害叶片。发病时由基部开始，叶片开始产生褪色斑点，随着褪色面积增大，病斑也逐渐扩大，出现椭圆形或不规则的病斑。病斑中间为淡白色，边缘为褐色，和未发病组织的接触边界还有黄晕。在病情严重时，多个病斑融合最终导致全株叶片枯萎脱落。

②发病时期：6月、10月为发病初期，7～9月及11月上旬最为严重。

③防治方法：进行土地轮作。加强黄精的肥水管理，有资料表明，土壤肥

沃，黄精长势好，抵抗力强，发病轻。收获时清园，消灭病残体。发病前和发病初期喷施 1：1：100（硫酸铜：生石灰：水）波尔多液或 50% 退菌特可湿性粉剂 1000 倍稀释液，每 7 ～ 10 天喷 1 次，连喷数次。还可喷施哈茨木霉菌 300 倍稀释液，70% 代森锰 500 倍稀释液、50% 托布津 1000 倍稀释液、80% 代森锰锌 400 ～ 600 倍稀释液、50% 克菌丹 500 倍稀释液等。注意药剂的交替使用，以免病菌产生抗药性。

图 9-3　叶斑病

（2）黑斑病

①为害特征：该病是一种真菌性病害，主要为害叶片，其病原可在土壤和病残体上越冬，待气温回升时侵入感染。在发病初期，叶尖开始出现黄褐色的不规则病斑，病斑边缘为紫红色，随着病情发展，病斑不断蔓延扩散，到最后整个叶片枯萎，病情在阴雨季节更为严重。

②发病时期：5 月发病初期，7 ～ 9 月为发病盛期。

③防治方法：加强土地轮作，减少病原菌。在越冬时清理田间，将病残体集中烧毁，再将土壤深翻消毒，减少病源。在发病前或发病初期可用苯醚甲环唑或吡唑醚菌酯 + 嘉美金点 1000 倍稀释液喷洒，每周 1 次，连续 2 ～ 3 次即可防治，还可用奥力克速净 300 倍稀释液，7 天左右用药 1 次。

图 9-4 黑斑病

（3）炭疽病

①为害特征：病原为半知菌亚门腔孢纲黑盘孢目刺盘孢属真菌。主要为害叶片，果实亦可感染。感病后叶尖、叶缘先出现病斑。初为红褐色小斑点，后扩展成椭圆形或半圆形，黑褐色，病斑中部稍微下陷，常穿孔脱落，边缘略隆起红褐色，外围有黄色晕圈，潮湿条件下病斑上散生小黑点。

②发病时期：4 月下旬始发，8 ～ 9 月最为严重。有逐年加重的趋势。

③防治方法：加强田间管理，合理施肥，促使植株生长健壮，增强抗病能力。合理密植，以利通风透光。发现病株及时清除，并集中烧毁。在发病初期，用 2% 波尔多液喷雾防治，也可用 70% 甲基托布津可湿性粉剂 1000 ～ 1500 倍稀释液、80% 代森锌可湿性粉剂 600 ～ 800 倍稀释液液喷雾或苯醚甲环唑 + 吡唑醚菌酯 + 嘉美金点 1000 倍稀释液喷洒防治。

图 9-5 炭疽病

2．主要虫害及防治

（1）蛴螬

①为害特征：主要为害黄精根部，咬食黄精幼苗嫩茎或蛀食须根，造成断苗或根部空洞，此外，因蛴螬造成的伤口还可诱发病害发生。

②发病时期：5月初为害最为严重。

③防治方法：使用的粪肥要充分腐熟，最好用高温堆肥。灯光诱杀成虫。用50%辛硫磷乳油或50%对硫磷等按种子量0.1%拌种。发病初期可用黑光灯诱杀或用90%美曲膦酯1000倍稀释液浇灌；田间发生期用毒饵诱杀。

图9-6　蛴螬

（2）地老虎

①为害特征：地老虎白天潜伏于土表层，夜间出土为害，咬断幼苗的根、茎基部或咬食未出土的幼苗，使整株死亡，严重影响黄精成苗率。

②发病时期：4～5月为害最为严重。

③防治方法：在春季成虫发生期利用黑光灯、诱蛾器或糖醋液诱杀成虫。发病初期可采用新鲜嫩草或菜叶用水浸泡后，傍晚放入田间，翌日清晨人工捕捉；也可选用50%辛硫磷乳油、2.5%溴氰菊酯乳油、40%氯氰菊酯乳油、90%晶体敌百虫喷施。

图 9-7　地老虎

（3）棉铃虫

①为害特征：为鳞翅目夜蛾科害虫，幼虫为害花、果。

②发病时期：主要为 6 ～ 8 月。

③防治方法：用黑光灯诱杀成虫。在幼虫盛发期用 2.5% 溴氰菊酯乳油 2000 倍稀释液、20% 杀灭菊酯乳油 2000 倍稀释液、50% 辛硫磷乳油 1500 倍稀释液喷雾防治；也可用日本追寄蝇、螟蛉悬茧姬蜂等天敌进行生物防治。

图 9-8　棉铃虫

（4）蚜虫

①为害特征：为害叶子及幼苗。

②发病时期：全年均有发生。

③防治方法：可用 50% 杀螟松乳油 1000 ～ 2000 倍稀释液 10% 吡虫啉可湿性粉剂 2000 倍稀释液或 1.8% 阿维菌素 3000 倍稀释液等喷雾防治。

五、采收贮藏技术

1. 采收

黄精根茎繁殖的于栽后 2 ～ 3 年、种子繁殖的于栽后 3 ～ 4 年采挖。采收期为春、秋季或秋末冬初。秋末冬初采收的根茎肥壮而饱满，质量最佳。

2. 加工

采挖后，去掉茎叶，洗净泥沙，除去地上茎和根茎上的须根，如长大者可酌情分为 2 ～ 3 节，置蒸笼或木甑中蒸约 12 小时，至呈现油润时取出晒干或烘干（无烟、微火）；或置水中煮沸后，把煮熟透心的黄精根茎（剩下的残汁浓缩备用）晒至五成干，放入蒸笼内隔水蒸约 4 小时，取出再晒。如此反复蒸晒多次，直至表面呈黑色，内部呈黑棕色似柿饼心状，再将浓缩液淋在黄精上，拌匀后再蒸，最后晒或烘至干爽。

3. 贮存

采用符合药用标准的塑料编织袋，每袋 25 kg，按标准进行分级包装。包装记录内容包括品名、批号、规格、产地、等级、数量、包装工号、生产日期等。包装好的产品应贮藏在货架上，与四周墙壁间隔约 40 cm，距离地面约 50 cm，贮藏仓库应阴凉通风、干燥，并定期抽查，注意防尘、防鼠、防虫蛀等，保证商品不霉烂、不变质。

图 9-9　黄精药材

六、规格标准和药材质量标准

1. 规格标准

黄精规格标准参考《中药材商品规格等级 黄精》T/CACM 1021.34—2018。

（1）黄精规格（黄精药材在流通过程中用于区分不同交易品类的依据）：根据市场流通情况，对药材规格进行等级划分，将黄精分为大黄精、鸡头黄精和姜形黄精3个规格。

（2）黄精等级（在黄精药材各规格下，用于区分黄精品质的交易品种的依据）：根据每千克的个数，将黄精各规格分为一等、二等、三等和统货四个等级。

大黄精中的一等、二等、三等的性状共同点：干货。呈肥厚肉质的结节块状，表面淡黄色至黄棕色，具环节，有皱纹及须根痕；结节上侧茎痕呈圆盘状，圆周凹入，中部突出；质硬而韧，不易折断，断面角质，淡黄色至黄棕色，有多数淡黄色筋脉小点；气微，味甜，嚼之有黏性。区别点是一等每千克≤ 25 头、二等每千克 25 ～ 80 头、三等每千克≥ 80 头。

统货的性状：结节呈肥厚肉质块状，不分大小。

鸡头黄精中的一等、二等、三等的性状共同点：干货。呈结节状弯柱形，结节略呈圆锥形，头大尾细，形似鸡头，常有分枝；表面黄白色或灰黄色，半透明，有纵皱纹，茎痕圆形。区别点是一等每千克≤ 75 头、二等每千克 75 ～ 150 头、三等每千克≥ 150 头。

统货的性状：结节略呈圆锥形，长短不一，不分大小。

姜形黄精中的一等、二等、三等的性状共同点：干货。呈长条结节块状，分枝粗短，形似生姜，长短不等，常数个块状结节相连，表面灰黄色或黄褐色，粗糙，结节上侧有突出的圆盘状茎痕。区别点是一等每千克≤ 110 头、二等每千克110 ～ 210 头、三等每千克≥ 210 头。

统货的性状：结节呈长条块状，长短不等，常数个块状结节相连，不分大小。

2. 药材质量标准

《中国药典》（2020 年版，一部）规定，药材黄精水分不得超过 18.0%；总灰分不得超过 4.0%；铅、镉、砷、汞和铜等重金属及有害元素分别不得超过 5 mg/kg、1 mg/kg、2 mg/kg、0.2 mg/kg 和 20 mg/kg；浸出物不得少于 45.0%。该品按干燥品计算，黄精多糖不得少于 7.0%。

第十章　玉竹

　　玉竹是百合科（Liliaceae）多年生草本植物玉竹［*Polygonatum odoratum*（Mill.）Druce］的干燥根茎。玉竹始载于《神农本草经》，奉为上品，原名萎蕤；《本草经集注》记载其"茎干强直，似竹箭杆，有节"，故有玉竹之名。玉竹以干燥根茎入药，根部呈长圆柱形，表面黄白色或淡黄棕色，气微，味甘，嚼之发黏。

图 10-1　玉竹植株

一、基原种、药用部位和药用价值

1. 基原种

　　《中国药典》（2020 年版，一部）收载玉竹的基原种为百合科植物玉竹，是我国原卫生部公布的第一批药食兼用的植物之一，在我国有几千年的栽培历史。

2. 药用部位

　　中药玉竹为百合科植物玉竹的干燥根茎。玉竹的主要活性成分有多糖、甾体皂苷类、挥发油、高异黄烷酮类化学成分及生物碱等。

3. 药用价值

《中国药典》（2020年版，一部）记载，玉竹归肺、胃经，传统功能为养阴润燥、生津止渴，主治肺胃阴伤、燥热咳嗽、咽干口渴、内热消渴。除以上传统功效外，近年来临床研究表明玉竹亦具有降血糖、免疫调节、抗肿瘤、抗氧化、抗疲劳、延缓皮肤衰老等药理作用。

二、生物学特征、生长特性和分布区域

1. 植物学特征

玉竹为多年生草本植物，根茎呈扁圆柱形，茎横生，根茎上有密集的须根，直径 0.5～2.5 cm，有明显的节，节间距 0.4～1.5 cm，节处可以发出新芽形成植株的地上茎，每隔 3 茎节左右可生出一个地上茎枝。直立茎高 20～70 cm，枝干倾斜，有纵棱，光滑无被毛，绿色或带有一点紫红色。叶互生，椭圆形至卵状矩圆形，叶柄短或近无柄，先端尖，叶片 7～12 片，长 6～12 cm，宽 3～5 cm，叶绿色。花被黄绿色至白色，长 1.3～2.0 cm，顶端 6 裂，裂片卵圆形；花腋生，花序有 1～4 朵花，无苞片或有条状披针形苞片；雄蕊 6 枚，生于花被筒的中部，花丝白色，不外露；花柱 1～14 mm，带有香气。浆果球形，直径 0.5～0.7 cm，熟后暗紫色，具 7～10 粒种子，卵圆形，表面黄褐色。花期 5～7 月，果期 7～9 月。

2. 生长发育习性

玉竹对环境条件适应性较强，喜凉爽、潮湿、荫蔽的环境，耐阴湿性强，耐寒性强，忌积水，强光直射时叶片易灼伤。选择在缓山坡、低山丘陵的林下进行种植，选择湿润、土层深厚、土壤疏松的地块，要避免涝洼、盐碱、黏土、砂石地类土壤。玉竹通常在 10～15℃时根茎出苗，20～22℃时开花，22～25℃时地下根茎生长并增大增粗。

3. 生长区域分布

玉竹主要分布于广西、湖南、湖北、安徽、黑龙江、吉林、陕西、山西、河北、宁夏、四川、江西、浙江、广东等地，海拔 600～1000 m 的低山丘陵或谷地，适宜在湿润且排水良好的环境生长和栽培种植。对土壤条件要求不高，土壤以 pH 值在 5.5～6.0 的疏松肥沃沙质土为宜。

三、栽培技术

1. 品种选定

《中国药典》（2020年版，一部）收录的玉竹药材选用品种为百合科植物玉竹，

玉竹药材正品来源仅此一种。

2. 选地、整地和施肥

（1）选地

玉竹喜阴，应选择半阴的区域种植，严禁选择阳光直射、多风区域。选择土层深厚的壤土、沙壤土、水稻土、红壤土等地块。最适宜玉竹生长的土壤为中性、弱酸性沙壤土或黑土。不能选择黏性土壤、积水地域种植玉竹。坡地选择坡度≤15°的南坡为宜，坡度≥15°时宜修筑梯田栽培；平地选择排水良好的地块栽培。玉竹忌连作，一般需4～5年轮作。前茬以玉米、大豆等禾本科和豆科作物为宜，前茬为烟草、茄子、辣椒、西瓜等作物时不宜种植玉竹。

（2）整地

在选择好栽培地之后，首先清理土地上的杂草或枯萎农作物等，处理好土壤后，为降低玉竹病害概率，应利用过氧乙酸或生石灰对土壤进行消毒，每亩使用过氧乙酸（浓度为30%）1 kg。然后进行深翻，一般翻耕深度25～30 cm，稻田深翻至犁底层。播种前需进行分厢开沟，厢宽2.0 m，厢沟宽0.4 m，厢沟深度根据地块排水情况而定。对于坡地、旱地等排水能力好的地块，厢沟深10 cm即可；对于稻田等排水能力一般的地块，厢沟深30 cm左右，同时增加排水主沟，提高地块整体排水能力，防治水涝。

（3）施肥

深翻前施加基肥时均匀拌入土中，可以首先选用中草药专用的有机肥、生物菌肥等肥料。施肥过程中过量的施用氮肥会影响玉竹幼苗的生长，适量施用钾肥对玉竹的生长有很好的促进作用，因此施肥过程中要严格注意氮肥施用量，玉竹的一个生命周期中需要施肥2次以上。首先，下种期间施用基肥，中药专用肥每亩地施用50 kg，生物菌肥4 kg，腐熟有机肥2000～3000 kg；玉竹出苗后应喷洒叶面肥，3次左右，可有效地提升种子成熟度和产量；在翌年8～9月玉竹地上部分枯萎，及时清除地里的杂草、枯枝后，每亩地施加1000 kg的腐熟有机肥，施肥后可以使用稻草或园艺布覆盖地面；如果出现土壤肥力不足时，可在玉竹苗高于地面5 cm后继续施加腐熟有机肥或中草药专用的有机肥。

3. 栽培方式

（1）种子繁殖

种子播种，首先要进行催芽处理，将玉竹的种子用清水浸泡24小时，将种子捞出与湿沙按1∶3体积比混合搅拌，放入箱中催芽，每隔2～3天检查箱内温湿度，每隔5天倒种1次，每隔7天切开种子检查种胚的生长发育情况。种子播种的选地、整地、做床、施肥方式与根茎播种相似。通常选择在10月移栽，阴天或晴天进行栽种，移栽按行距30 cm、株距15 cm、沟深15 cm左右平排在沟里，随即盖上腐熟粪肥，再盖一层细土至与厢面齐平。

（2）根茎播种繁殖

玉竹喜阴、耐寒，生产中多采用根茎播种繁殖，通常是在春季土壤化冻后即可种植，通常选择在每年的4月中旬至6月中旬种植，最佳的种植时间是4月中旬至5月末。选择根茎播种时，应选择粗壮、无病虫害、无黑斑、顶芽饱满、完整无破损的根茎，挖好种植坑后立即种植。如果受天气环境影响不能及时种植，可以放置在背风、阴凉的室内，合理保存好根茎，保证根茎的高成活率。根茎选好以后，应使用浓度为50%多菌灵500倍稀释液浸泡根茎30分钟左右。可以采取穴栽，每厢栽种3～4行，行距约30 cm、株距30 cm、穴深10 cm。每穴平铺栽3个左右，芽头朝上向四周摆放；也可以采取条栽：在厢面上开沟，行距、沟深分别约为30 cm、10 cm。将根茎在沟底按株距15 cm纵向排列，芽统一朝一个方向放好。播种后用充分腐熟的猪牛粪盖种，每亩盖种肥用量约3500 kg。施入盖种肥后根据土壤湿度适量淋水保墒，淋水后用土填平，厢面保持平整。厢面填平后，用水稻等作物秸秆覆盖在厢面上，覆盖厚度5 cm左右。

图10-2 玉竹种植

4. 田间管理

玉竹种植过程中，特别注意土壤不能积水，注重疏通排水沟，防止土壤积水，保持土壤干湿适度，以土壤水分在最大持水量的60%左右为宜。雨季期间，若土壤积水会使得玉竹植株叶片变黄、倒伏、根茎腐烂等，因此要提前挖好疏水沟，做好排水工作。玉竹种植前，应及时清除苗床、田间的杂草。如果玉竹栽植后没有及时出苗，在翌年出苗后清理掉杂草，以免杂草竞争营养而影响玉竹的生长。田间土壤干燥时，不要用锄头除草以免碰伤玉竹的根茎，此时可以采用人工拔除的方式清理杂草。周边应设有篱笆或者护栏，防止人畜进入田间，踩踏玉竹苗。玉竹发芽前期，可以使用除草剂除草，喷洒的时间在清明节前、玉竹新苗未出土之前；新苗出土后不要使用除草剂或使用玉竹专用除草剂。如果在下雨后或土壤较湿时，不能拔草，以免影响到玉竹的生长。每年田间的除草时间为 5 月和 7 月。当玉竹种植已满 3 年，只能通过人工拔除杂草的方式清除杂草。

四、主要病虫害及防治技术

积极贯彻"预防为主，综合防治"的方针。针对玉竹出现的病虫害防治，首先采用农业防治方法，选用和培育健壮无病害、虫害的种子、种苗，保持田间栽培环境的清洁，及时翻耕土地，尽可能杀死土壤中的有害虫蛹；春秋季节，及时剪除纤弱枝、虫枝和病枝，集中烧毁或者深埋病害、残弱的枯枝落叶；及时清除田间杂草，扦插育苗地最好采用地膜覆盖，田间栽培基地可以采用秸秆、稻草或园艺地布覆盖技术抑制杂草生长，通常在杂草出苗期和杂草种子成熟期前，选在晴天进行中耕除草。其次是采用物理防治方法，在害虫成虫的发生期，推荐使用诱虫灯、杀虫灯等在虫害发生期间的晚上 7 时至翌日 6 时开灯诱杀害虫的成虫。若采用化学防治方法，应选择高效、低毒、低残留的农药，用药次数和用量应符合《农药合理使用准则》（GB/T 8321 所有部分）、《绿色食品　农药使用准则》（NY/T 393—2020）绿色食品的农药使用要求，严禁使用剧毒、高毒、高残留或具有三致毒性（致癌、致畸、致突变）的农药。

1. 主要病害及防治

（1）根腐病

①为害特征：病原菌主要由根部侵入，地下茎初期有淡褐色圆形病斑，后期发病部位腐烂下陷。叶片转为黄绿色至黄白色，逐渐枯黄，导致植株倒伏。

②发病时期：一般 4 ～ 7 月发病，5 月为严重发病期。

③防治方法：根腐病以预防为主，发病后再防治，效果并不显著。根腐病为土传病害，应严格遵循轮作制度，尤其是老种植区应逐渐退出种植。选择无低洼积水的地块种植，整地深翻时每亩地块均匀施入石灰 100 kg。注重种苗消毒，可用 70% 甲基硫菌灵可湿性粉剂 100 倍稀释液或 20% 苯醚甲环唑微乳剂 100 倍稀释液浸泡种茎 1 小时后再播种。采用水旱轮作亦可有效预防根腐病发生。种植过程中，发现病株应及时拔除销毁，撒入 200 ～ 300 g 石灰进行局部消毒。根腐病

发病初期可用 70% 甲基硫菌灵可湿性粉剂 100 倍稀释液或 20% 苯醚甲环唑微乳剂 100 倍稀释液灌根，连续 2～3 次，对根腐病病原菌有一定抑制作用。

图 10-3　根腐病

（2）褐斑病

①为害特征：发病时叶面产生褐色病斑，病斑呈圆形或不规则形，中心颜色较淡，后期有霉状物出现。

②发病时期：一般 5 月开始发病，7～8 月为严重发病期。

③防治方法：施用氮肥过多、栽植密度过密、田间湿度过大等均会导致褐斑病的发生，在栽培过程中应注意。发病初期可用 70% 甲基托布津可湿性粉剂 800 倍稀释液或 50% 异菌脲悬浮剂 1000 倍稀释液喷雾防治，每隔 7～10 天喷施 1 次，连续 2～3 次。

图 10-4　褐斑病

（3）灰霉病

①为害特征：主要为害叶片，病斑为近椭圆形，天气干燥时病斑呈褐紫色，边缘清晰，有模糊的轮纹。潮湿时病斑扩大，呈水渍状，背面长出灰褐色霉状物，即病原菌子实体。

②发病时期：整个雨季发病均较严重，谢花后（4～5月）尤为严重。

③防治方法：在开花至谢花期，用50%异菌脲悬浮剂600倍稀释液、70%代森锰锌可湿性粉剂700倍稀释液等药剂喷雾防治，连续2～3次。

（4）紫轮病

①为害特征：该病主要为害叶片，叶片两面有圆形至椭圆形病斑，初期为紫红色，后期中央呈灰色至灰褐色，着生黑色小点即病原菌分生孢子器。

②发病时期：出苗后即可发病，7～8月为严重发病期。

③防治方法：发病初期用50%代森锰锌可湿性粉剂600倍稀释液、70%甲基托布津可湿性粉剂800～1000倍稀释液等药剂喷雾防治，每隔15天喷施1次，连续2～3次。

（5）白绢病

①为害特征：该病主要为害地下茎或地下茎交接处，初期为水渍状暗褐色病斑，其上密生白色丝状霉，后期病部产生褐色菌核，病部腐烂导致植株枯死。

②发病时期：夏秋高温多雨时期发病严重，6月上旬开始发病，6～7月为严重发病期。

③防治方法：整地时每亩撒施石灰100 kg，进行土壤消毒；发现病株后及时拔除焚毁；用15%三唑酮可湿性粉剂，拌入200倍细土撒于病株苑部；喷施45%代森铵水剂800～100倍稀释液，7～10天喷施1次，连续防治2次。

2. **主要虫害及防治**

蛴螬

①为害特征：蛴螬为金龟子的幼虫；在地下啃食玉竹根茎，咬断幼苗和根，导致根茎腐烂，最后植株死亡；或啃食地下茎皮，形成伤疤，影响玉竹产量和品质；成虫啃食叶片。

②为害时期：全年均有发生。

③防治方法：及时清除杂草，减少成虫产卵。利用成虫趋光性的特点，夜晚用日光灯诱杀。用毒饵诱杀幼虫，取90%敌百虫原药50 g融入500 g水中，用药液拌菜籽饼粉5 kg，傍晚撒于玉竹行间，每隔一定距离撒一小堆。

图 10-5 蛴螬

五、采收贮藏技术

1. 采收

玉竹种植 1 年后即可收获，2～3 年生的质量最佳，4 年生玉竹的产量会有所提高，但是质量相比 2～3 年生有所下降，主要表现在纤维素含量增多，药效成分含量明显减少。玉竹的收获时间一般会选择在 9 月或地上部分开始枯萎时，在晴天、土壤湿度适宜时采收，此时玉竹中有效成分含量较高。如果遇到环境温度较低，玉竹的地上部分提早枯萎，那么就在枯萎后及时收获。

2. 加工

（1）玉竹粗品晒制

新鲜玉竹根茎挖出后，置于太阳下晒干，先摊开在自然条件下暴晒 3～5 天或用烘炉在 60～70℃烘 2～3 天，直至药材变柔软，表面开始出现皱纹，具体的晒干时间根据各地日照强度、照射时间以及玉竹生药的堆放厚度来确定，晒干后将玉竹根茎上的须根去掉以保证生药质量。

（2）玉竹片的制备

将晒好后去除须根的玉竹根茎人工揉制，手揉到根茎开始变透明、糖汁流出黏手时停止，揉时力度一定要适中，如果力度过大，根茎会变成老红油色；力度不够，根茎变为黄白色，外皮粗糙，出货少。人工搓揉的时间与粗品晒制的程度、所在环境的温度、揉制的方法等有关。揉出糖汁的玉竹根茎应当再次进行晾晒，晒干后的玉竹不容易发生霉变，这样就可以保证药材的品质，同时把少数霉变的产品及时清除。因此在制备过程中一定要把玉竹晒透，晒干后的成品为玉竹条，其中色泽棕黄、新鲜透亮、粗壮饱满无皱纹者质量最佳。最后将玉竹纵刨成厚度在 0.1 cm 以下的薄片，刨好后的玉竹片也要及时晒干，以免发霉变质或色泽不白，影响药材品质。

3. 贮存

玉竹片制备好后按照质量好坏分别进行包装。通常将质量好的玉竹片密封包装在一起叫作选片，选片的标准是玉竹片色泽洁白，没有边皮，长度在 7 cm 以上；质量差的叫作统片，主要是由剩余的边皮和心皮组成。玉竹片在分类包装时，要一片一片地摆放好，玉竹片数量根据包装的容量大小来定，包装以后储存于通风、干燥处。玉竹片的质量好坏按照其干燥程度、厚薄的均匀程度、外皮的去净程度、颜色是否为白色来评判。

图 10-6　玉竹药材

4. 留种技术

在大田采收玉竹根茎时选择生长健壮、粗细适宜、无病虫害的一年生分枝根茎作为种茎。种茎长度 8～10 cm，直径 1.5～1.8 cm，前段留一个健壮顶芽，去除长须根后即可直接播种。采种后若不能马上播种，需在阴凉通风的房间，用细沙或细土贮藏，贮藏时保持细沙或细土微湿。种茎贮藏不得超过 30 天。

六、规格标准和药材质量标准

1. 规格标准

玉竹规格标准参考《中药材商品规格等级 玉竹》T/CACM 1021.132—2018。

（1）玉竹规格（玉竹药材在流通过程中用于区分不同交易品类的依据）：根据市场流通情况，对药材规格进行等级划分，将玉竹分为选货和统货两个规格。

（2）玉竹等级（在玉竹药材各规格下，用于区分玉竹品质的交易品种的依据）：根据长度、中部直径，将玉竹选货规格分为一等和二等两个等级。

选货中一等和二等的性状共同点：长圆柱形，略扁；表面黄白色或淡黄棕色，半透明，具纵皱纹和微隆起的环节，有白色圆点状的须根痕和圆盘状茎痕；质硬而脆或稍软，易折断，断面角质样或显颗粒性；气微，味甘，嚼之发黏。

不同点：一等长度≥14 cm；二等直径≥1.2 cm。

统货性状：圆柱形或略扁；表面黄白色或淡黄棕色，具纵皱纹和微隆起的环节，有白色圆点状的须根痕和圆盘状茎痕；质硬而脆或稍软，易折断，断面角质样或显颗粒性；气微，味甘，嚼之发黏；长度≥4 cm，直径≥0.5 cm；长短、直径不均一。

2. 药材质量标准

《中国药典》（2020年版，一部）规定，玉竹药材水分不得超过16.0%；总灰分不得超过3.0%；浸出物不得少于50.0%。该品按干燥品计算，含玉竹多糖（以葡萄糖计）不得少于6.0%。

参考文献

[1]国家药典委员会.中华人民共和国药典:一部[M].北京:中国医药科技出版社,2020.

[2]卢多逊.开宝本草(辑复本)[M].尚志钧,辑校.合肥:安徽科学技术出版社,1998.

[3]胡世林.中国道地药材[M].哈尔滨:黑龙江科学技术出版社,1989.

[4]肖培根.新编中药志:第一卷[M].北京:化学工业出版社,2002.

[5]邓家刚,韦松基.广西道地药材[M].北京:中国中医药出版社,2007.

[6]广西壮族自治区食品药品监督管理局.广西壮族自治区壮药质量标准:第一卷[M].南宁:广西科学技术出版社,2008.

[7]广西壮族自治区食品药品监督管理局.广西壮族自治区中药饮片炮制规范[M].南宁:广西科学技术出版社,2007.

[8]中国科学院中国植物志编辑委员会编.中国植物志:第40卷[M].北京:科学出版社,2007.

[9]林杨.山豆根种子生产若干技术研究[D].南宁:广西大学,2014.

[10]刘波,支永明,唐虎,等.山豆根组培快繁及栽培技术研究进展[J].耕作与栽培,2015(01):53-55.

[11]檀龙颜,马洪娜.越南槐繁殖与栽培技术的研究进展[J].种子,2017,36(08):52-56.

[12]中华中医药学会.中药材商品规格等级 山豆根:T/CACM 1021.112—2018[S/OL].[2020-04-17].http://www.ttbz.org.cn/Pdfs/Index/?ftype=st&pms=34708.

[13]罗仲春,罗斯丽,罗毅波.铁皮石斛原生态栽培技术[M].北京:中国林业出版社,2013.

[14]张治国,俞巧仙,叶智根.名贵中药:铁皮石斛[M].上海:上海科学技术文献出版社,2006.

[15]段俊,段毅平.铁皮石斛高效栽培技术[M].福州:福建科学技术出版社,2013.

[16]赵仁,张金渝.云南名特药材种植技术丛书:铁皮石斛[M].昆明:云南科学技

术出版社, 2014.

[17] 陈晓梅, 田丽霞, 单婷婷, 等. 铁皮石斛种质资源和遗传育种研究进展 [J]. 药学学报, 2018, 53 (09): 1493-1503.

[18] 罗凯, 李泽生, 白燕冰, 等. 石斛兰多样性利用及保护现状 [J]. 黑龙江农业科学, 2021 (08): 85-89.

[19] 中华中医药学会. 中药材商品规格等级 铁皮石斛: T/CACM 1021.12—2018 [S/OL]. [2019-01-22]. http://www.ttbz.org.cn/Pdfs/Index/?ftype=st&pms=26049.

[20] 马锦林, 曾祥艳, 李开祥, 等. 广西八角产业现状及发展战略 [J]. 广西林业科学, 2011, 40 (04): 336-339.

[21] 高传友, 刘永华, 李开祥, 等. 我国八角产业优势区域布局及发展刍议 [J]. 广西农学报, 2019, 34 (04): 24-27.

[22] 马锦林, 白卫国. 广西八角无性系选育概况 [J]. 广西林业科学, 2000, 29 (04): 204-204.

[23] 黄开顺, 黎贵卿, 安家成, 等. 八角特色资源加工利用产业发展现状 [J]. 生物质化学工程, 2020, 54 (06): 6-12.

[24] 陆善旦, 蒙爱东, 姚信. 八角茴香高产栽培技术 [M]. 南宁: 广西科学技术出版社, 2009.

[25] 林海志. 八角高产稳产栽培新技术 [M]. 北京: 中国农业出版社, 2003.

[26] 刘永华. 八角种植与加工利用 [M]. 北京: 金盾出版社, 2003.

[27] 张贵君. 常用中医药鉴定大全 [M]. 哈尔滨: 黑龙江科学技术出版社, 1993.

[28] 李峰, 宋晓玲, 刘亚鲁. 八角茴香及其混伪品的鉴别 [J]. 山东中医杂志, 2011, 30 (10): 739-740.

[29] 莫小刚. 八角炭疽病发病原因及防治措施探析 [J]. 南方农业, 2021, 15 (02): 62-63.

[30] 黄乃秀, 莫小刚, 蒋晓萍, 等. 广西八角炭疽病的发生特点及近年偏重发生原因初步分析与防治对策 [J]. 广西植保, 2018, 31 (01): 30-34.

[31] 蒋晓萍, 莫小刚, 周婵, 等. 广西八角炭疽病年发病节律观测与防治适期分析 [J]. 中国野生植物资源, 2017, 36 (06): 68-70, 79.

[32] 李远. 八角树丰产栽培及病虫害防治技术 [J]. 南方农业, 2021, 15 (14): 11-12.

[33] 黄乃秀. 八角病虫害防控对策 [J]. 广西林业. 2021 (6): 44-47.

[34] 刘永华, 农卫东. 八角树常见的主要病害及其防治对策 [J]. 广西热带农业, 2005 (06): 43-44.

[35]刘永华,农卫东.八角树常见虫害防治方法[J].中国热带农业,2005(05):44-45.

[36]王奇志,严奇,靳桐,等.吴茱萸属植物中喹唑啉生物碱的分布、生物活性和化学合成[J].植物资源与环境学报,2019,28(04):84-98.

[37]刘赟.吉祥草产地加工及吴茱萸饮片炮制研究[D].贵阳:贵阳中医学院,2015.

[38]高丹,张寿文,吴波.吴茱萸病虫害防治研究进展[J].生物灾害科学,2012,35(01):23-26.

[39]梁惠凌,蒋运生,邹蓉,等.灵川县吴茱萸主要病虫害调查与无公害防治技术[J].江苏农业科学,2012,40(02):104-105.

[40]曹亮.吴茱萸遗传多样性分析及适宜产区规划[D].长沙:湖南中医药大学,2011.

[41]曹小飞,郭颖,冉懋雄,等.药用植物吴茱萸无公害栽培技术初探[J].内蒙古林业调查设计,2011,34(02):16-17,78.

[42]邹蓉,蒋运生,韦霄,等.吴茱萸低产原因及高产栽培技术措施[J].湖北农业科学,2011,50(06):1205-1207.

[43]杨再学,李大庆,文西明.吴茱萸主要病虫害发生特点及无害化治理技术[J].贵州农业科学,2004(03):73-74.

[44]中华中医药学会.中药材商品规格等级 吴茱萸:T/CACM1021.75—2018[S/OL].[2019-05-28].http://www.ttbz.org.cn/Pdfs/Index/?ftype=st&pms=28495.

[45]袁晓勇,陈小文.金银花栽培技术[J].农家参谋,2021(18):73-74.

[46]石彩虹.金银花的种植与栽培技术[J].农家参谋,2021(14):63-64.

[47]马如俊,马永华.临夏州金银花栽培技术[J].农业科技与信息,2021(01):27-29.

[48]陈美莲.金银花植物学特性及林下栽培技术要点[J].乡村科技,2020,11(35):85-86.

[49]及华,王琳,张海新,等.金银花优质高效栽培技术[J].现代农村科技,2020(6):23.

[50]张娟娟.金银花的价值及栽培技术[J].乡村科技,2020(4):84-85.

[51]沈植国,刘云宏,王玮娜,等.金银花栽培关键技术[J].河南林业科技,2019,39(04):48-51.

[52]郭冰娟.金银花栽培技术要点探析[J].农民致富之友,2019(13):74.

[53]陈吉祥.长顺县树形金银花栽培技术[J].现代园艺,2013(6):34,36.

[54] 邵丽. 金银花品种及栽培技术要点[J]. 现代园艺, 2016 (13): 47.

[55] 丘玉梅, 邓向君, 赖淑华, 等. 金银花栽培管理技术[J]. 中国园艺文摘, 2012, 28 (05): 193–194.

[56] 阿增寿, 张文艳. 金银花栽培技术探讨[J]. 农业开发与装备, 2015 (02): 132.

[57] 中华中医药学会. 中药材商品规格等级　金银花: T/CACM1021.10—2018[S/OL]. [2019-01-22]. http://www.ttbz.org.cn/Pdfs/Index/?ftype=st&pms=26046.

[58] 龙永荣. 厚朴丰产栽培技术研究[J]. 农村实用技术, 2019 (06): 47–48.

[59] 薛亚红, 杨哲. 厚朴丰产栽培技术[J]. 现代农业科技, 2018 (20): 159, 162.

[60] 马建烈. 厚朴栽培及采收加工技术[J]. 特种经济动植物, 2016, 19 (03): 34–36.

[61] 方国荣. 皖南山区凹叶厚朴特征特性及栽培技术[J]. 现代农业科技, 2015 (19): 186, 189.

[62] 张强. 厚朴标准化栽培技术[J]. 现代农业科技, 2013 (23): 128, 131.

[63] 董昌平. 福建厚朴资源及闽北厚朴规范化栽培研究[D]. 福州: 福建农林大学, 2013.

[64] 国家林业局. 厚朴栽培技术规程: LY/T 2122—2013[S]. 北京: 中国标准出版社, 2013.

[65] 胡凤莲. 厚朴的栽培管理技术及应用[J]. 陕西农业科学, 2012, 58 (04): 257–259.

[66] 杨萍, 杜娟, 黄治华, 等. 厚朴丰产栽培技术[J]. 陕西林业, 2007 (05): 34.

[67] 陈秉友. 厚朴栽培要点[J]. 湖南林业, 2007 (03): 19.

[68] 黄庭文. 鄂西地区厚朴栽培技术[J]. 湖北林业科技, 2005 (06): 49, 55.

[69] 陈绍军, 叶秉友. 厚朴栽培技术[J]. 安徽林业, 2002 (01): 23.

[70] 中华人民共和国商务部. 中药材商品规格等级第四部分: 厚朴: SB/T 11174.4—2016[S]. 北京: 中国标准出版社, 2016.

[71] 龙小琴, 戴应和. 白及栽培技术要点及主要病虫害防治研究进展[J]. 农业与技术, 2020, 40 (14): 81–84.

[72] 林立. 白及种质资源评价及种子种苗质量标准研究[D]. 贵阳: 贵州大学, 2019.

[73] 成岁明, 王凡, 王娟. 白及规范化高产栽培技术[J]. 基层农技推广, 2018, 6 (08): 76–77.

[74] 王礼中, 张绍云. 普洱白及栽培管理技术[J]. 农村实用技术, 2017 (11): 31.

[75] 荣吉青. 浅析白及栽培技术[J]. 农村实用技术, 2017 (10): 24–25.

[76] 邹晖, 李海明, 王伟英, 等. 白及栽培管理技术[J]. 福建农业科技, 2017

（01）：37–38.

［77］杨兴文.白及栽培技术［J］.农村实用技术，2014（12）：34.

［78］石晶.白及属植物资源与利用［D］.海口：海南大学，2010.

［79］张亦诚.白及的生物特性及栽培技术［J］.农业科技与信息，2007（11）：45.

［80］吕鼎豪.白及的快速繁殖技术［D］.西安：陕西师范大学，2014.

［81］潘静.白及生态栽培技术要点［J］.南方农业，2017，11（29）：25–26.

［82］李春华.白及优质高产栽培技术［J］.科学种养，2020（01）：21–23.

［83］王伟生.白及育苗与林下栽培技术［J］.安徽林业科技，2018，44（03）：61–63.

［84］文彬.白及栽培技术［J］.农村新技术，2017（02）：12–13.

［85］陆彩金.白及种植技术探讨［J］.南方农业，2020，14（15）：15–16.

［86］汪梦婷，王芳，辛培尧，等.白及种子直播育苗的初步研究［J］.种子，2018，37（06）：127–131.

［87］蒋成全，李黎，杨文.简述中药白及规范化种植技术［J］.南方农业，2020，14（02）：5–6.

［88］王玉和.浅议药用植物白及种苗繁育技术［J］.农村实用技术，2020（05）：64–65.

［89］徐静雅，李志红，旦真次仁，等.特色藏药材白及规范化栽培加工技术［J］.安徽农学通报，2019，25（21）：43–44，53.

［90］陈建桦，田佩雯，唐艺铭，等.中药材白及大苗培育方法与关键栽培技术［J］.大众科技，2018，20（10）：65–67.

［91］中华中医药学会.中药材商品规格等级 白及：T/CACM1021.97—2018［S/OL］.［2020–04–17］.http://www.ttbz.org.cn/Pdfs/Index/?ftype=st&pms=34692.

［92］谢锋，朱华，李振志，等.不同采收时间及加工方法对广西金槐槐米中芸香苷含量的影响［J］.江苏农业科学，2013，41（04）：281–282.

［93］唐健民，史艳财，邹蓉，等.不同施肥处理对金槐槐米产量和品质的影响［J］.广西科学院学报，2017，33（04）：280–284.

［94］史艳财，邹蓉，唐健民，等.不同修剪方式对喀斯特石山区金槐槐米性状及产量的影响［J］.山东农业科学，2018，50（07）：95–98.

［95］舒文将，刘金磊，邹蓉，等.高效液相色谱法测定不同产地和采收期对槐米中芦丁含量的影响［J］.时珍国医国药，2017，28（03）：709–711.

［96］朱华，谢锋，李振志，等.广西金槐规范化生产标准操作规程［J］.广东农业科学，2013，40（07）：22–23.

［97］李锋，唐辉，韦霄，等.广西全州县金槐生产存在的问题及发展对策［J］.广西

科学院学报, 2009, 25(02): 130-134.

[98]陈积凤, 蒋荣能. 桂北金槐种植技术总结[J]. 南方园艺, 2013, 24(03): 48-49.

[99]梁军章, 梁惠凌, 黄剑华. 槐尺蠖对金槐的为害规律及防治试验[J]. 南方园艺, 2013, 24(01): 37-38.

[100]刘秋菡, 唐忠国. 金槐高产栽培管理技术[J]. 现代农业科技, 2013(13): 193, 195.

[101]蒋运生. 金槐规范化种植技术(一)[J]. 广西林业, 2013(05): 48-49.

[102]蒋运生. 金槐规范化生产技术(二)[J]. 广西林业, 2013(06): 43-44.

[103]蒋运生. 金槐规范化生产技术(三)[J]. 广西林业, 2013(07): 44-45.

[104]谢锋. 金槐槐米品质及规范化种植关键技术研究[D]. 成都: 成都中医药大学, 2014.

[105]唐再清. 金槐种植管护中存在的主要问题及管控措施[J]. 农家参谋, 2019(07): 117.

[106]经交生, 周小雁. 金槐种植管护中存在的主要问题为害及管控措施[J]. 农业与技术, 2015, 35(15): 121-122.

[107]经交生, 周小雁, 蒋开华. 全州金槐嫁接苗育苗技术[J]. 农业与技术, 2015, 35(19): 80-81.

[108]梁惠凌, 李锋, 韦霄, 等. 全州县金槐病虫害调查与防治[J]. 湖北农业科学, 2008, 47(12): 1439-1441.

[109]邓送银, 廖双源. 全州县金槐高产栽培技术浅析[J]. 南方园艺, 2016, 27(02): 54-57.

[110]经交生, 蒋云飞. 全州县金槐栽培技术[J]. 中国农技推广, 2015, 31(10): 29-30.

[111]中华中医药学会. 中药材商品规格等级 槐花: T/CACM1021.212—2018[S/OL]. [2019-01-24]. http://www.ttbz.org.cn/Pdfs/Index/?ftype=st&pms=26188.

[112]王强, 付亮, 黄娟, 等. 达州市黄精高产栽培技术要点[J]. 南方农业, 2018, 12(01): 33-35.

[113]田启建. 贵州黄精规范化种植关键技术研究[D]. 贵阳: 贵州大学, 2006.

[114]孙世伟. 汉中地区黄精主要害虫发生及防治技术研究[D]. 咸阳: 西北农林科技大学, 2007.

[115]张普照. 黄精采收加工技术及其化学成分研究[D]. 咸阳: 西北农林科技大学, 2006.

[116] 王东辉. 黄精的田间规范化栽培技术优化研究 [D]. 咸阳: 西北农林科技大学, 2006.

[117] 段秀彦. 黄精药材企业质量标准研究 [D]. 咸阳: 西北农林科技大学, 2016.

[118] 刘玲. 黄精质量标准和炮制工艺的研究 [D]. 贵阳: 贵阳医学院, 2015.

[119] 朱伍凤. 药用植物黄精繁育技术研究 [D]. 咸阳: 西北农林科技大学, 2013.

[120] 周晔, 王润玲, 陈启蒙, 等. 中药黄精的研究进展 [J]. 天津: 天津医科大学学报, 2004 (S1): 10–12.

[121] 邰善友. 中药黄精栽培技术 [J]. 农村新技术, 2019 (04): 12–13.

[122] 中华中医药学会. 中药材商品规格等级黄精: T/CACM1021. 34–2018 [S/OL]. [2019–01–22]. http://www.ttbz.org.cn/Pdfs/Index/?ftype=st&pms=26080.

[123] 卜祥. 中草药玉竹人工栽培技术 [J]. 中阿科技论坛 (中英阿文), 2020 (02): 48–49.

[124] 姜树忠. 中药材玉竹无公害栽培技术 [J]. 辽宁林业科技, 2019 (04): 75–76.

[125] 朱校奇, 周佳民. 中药材栽培技术 [M]. 长沙: 湖南科学技术出版社, 2020.

[126] 湖南省质量技术监督局. 玉竹栽培技术规程: DB43/T 394—2008 [S/OL]. [2018–04–05]. https://max.book118.com/html/2018/0308/156404785.shtm.

[127] 王兴辉, 罗琳, 罗华. 玉竹病虫害防治 [J]. 湖南农业, 2021 (03): 22.

[128] 孟庆龙, 崔文玉, 刘雅婧, 等. 玉竹的化学成分及药理作用研究进展 [J]. 上海中医药杂志, 2020, 54 (09): 93–98.

[129] 孙文松, 李晓丽. 玉竹生产研究现状及发展对策 [J]. 园艺与种苗, 2019 (11): 6–8, 12.

[130] 曹亮, 徐瑞, 谢进, 等. 玉竹根腐病防治杀菌剂筛选 [J]. 中药材, 2018, 41 (05): 1031–1034.

[131] 中华中医药学会. 中药材商品规格等级 玉竹: T/CACM1021.132—2018 [S/OL]. [2020–04–17]. http://www.ttbz.org.cn/Pdfs/Index/?ftype=st&pms=34730.